自然科学通识系列
General Science

我们如何
丈量世界？
200个不容忽视的计量单位

[日] 伊藤幸夫　寒川阳美 ＿＿＿＿＿ 著

郑雅珂 ＿＿＿＿＿ 译

U0221213

机械工业出版社
CHINA MACHINE PRESS

日常生活中，我们用"米"来表示身高，用"千克"来表示体重，用"支"来计量铅笔，用"毫升"来计量饮料……不论我们做什么，似乎都离不开单位的使用。

单位的数量很多，有些单位你很熟悉，比如汽车加油使用的"升"，或者最常见的用来表示时间的几点几分几秒；有些单位你可能都没听说过，比如以太阳的大小为标准的单位"斯泰德"，或者天文学上的长度单位"秒差距"。我们通过这些形形色色的单位来丈量世界、认识世界、改变世界。

本书分门别类地介绍了200个计量单位，并讲述了它们之间的关系以及一些有趣的小故事。打开本书，一起进入神奇的单位世界吧！

SHITTEOKITAI TANI NO CHISHIKI
Copyright © 2018 Yukio Itoh © 2018 Harumi Sangawa
Illustration: Kai Takamura
Original Japanese edition published by SB Creative Corp.
Simplified Chinese translation rights arranged with SB Creative Corp.
through Shanghai To-Asia Culture Co., Ltd.

北京市版权局著作权合同登记　图字：01-2019-7764号。

图书在版编目（CIP）数据

我们如何丈量世界？：200个不容忽视的计量单位 /（日）伊藤幸夫，（日）寒川阳美著；郑雅珂译. — 北京：机械工业出版社，2021.8
（自然科学通识系列）
ISBN 978-7-111-68593-7

Ⅰ.①我… Ⅱ.①伊… ②寒… ③郑… Ⅲ.①计量单位-青少年读物
Ⅳ.①TB91-49

中国版本图书馆CIP数据核字（2021）第130532号

机械工业出版社（北京市百万庄大街22号　邮政编码100037）
策划编辑：黄丽梅　　责任编辑：黄丽梅
责任校对：陈美娟　　责任印制：张　博
北京利丰雅高长城印刷有限公司印刷

2021年9月第1版·第1次印刷
130mm×184mm·5.875印张·103千字
标准书号：ISBN 978-7-111-68593-7
定价：49.00元

电话服务　　　　　　　　网络服务
客服电话：010-88361066　机　工　官　网：www.cmpbook.com
　　　　　010-88379833　机　工　官　博：weibo.com/cmp1952
　　　　　010-68326294　金　书　网：www.golden-book.com
封底无防伪标均为盗版　机工教育服务网：www.cmpedu.com

前　言

　　本书是 2008 年出版发行的《不可忽视的计量单位》的修订版。本书出版发行 10 多年以来，得到众多读者的青睐和赞赏，使得本次的修订能够顺利进行。

　　虽然是修订版，但是"写一本通俗易懂的关于单位知识的书"这一主旨是不会改变的。本书的作者对"什么是单位""单位有什么用途"进行了认真的思考，并调查了一些相关的事件，记录下自己的理解，除此之外，还附加了个人的见解。因此，与其说这是一本科学书，不如说这是一本杂学书。

　　从本书的构成来看，它没有最大限度地在学术上进行阐述，而是把着眼点放在了单位与我们日常生活的关联。因此，可以很负责地说，即便是对于"很不擅长理科"的文科读者来说，也是通俗易懂的。通过阅读本书，如果能够产生对物理、化学及历史的兴趣，将是我们莫大的荣幸。

　　如果突然被提问关于单位的问题，你首先会想到什么呢？是行进当中会用到的千米（km）呢？还是体重计中显示的千克（kg）呢？又或者是菜谱当中会出现的计量单位毫升（mL）呢？不会有的读者还会回忆起学生时代的成绩表吧！

单位的数量真的很多很多，本书中只就其中的200个单位来进行解释说明。这些都是各个年代在各个地区产生并经过统一和组合而来的。估计在人类历史上，也算得上是一项伟大的发明了。

其实，我们的日常生活中经常能用到这些作为衡量标准的单位。有时候根据情况的不同，它还能反映出地域性和国别性等问题。比如像"匁"这一类的单位，产自日本，其他国家并不会将它用作计量单位。

本书介绍了关于单位的很多故事。本次修订后，我们还加入了一些有趣的话题，比如，计千克的原器在时隔130年后被重新制作等世界性的大新闻。不只是这些，我们还将整本书的内容重新进行了梳理，修改了其中容易造成误解的部分。

虽然了解这些单位的相关知识，可能既不会让别人对你的工作评价提高，也不会让你考试的分数提高多少，与你的经济收入更不会有太大的关联，但是你对知识的好奇心一定会在你的身上起作用。通过阅读本书，如果能增加你日常的新发现，或者丰富你与别人交谈的话题，这将是我的荣幸。

● 鸣谢

首先要特别感谢上一版本的读者对本书的推荐和传播，因为大家的赞赏和推荐，本书才能顺利推广，在此，要特别地提出感谢！

其次，要感谢本修订版的插图负责人高村先生。仅凭作者的抽象描述，就能够使之具象化，这个难度是非常大的。原稿完成脱手后，我们都对插画非常期待，高村先生果然不负众望，每次我们看到的都是超乎想象的作品。我们两位作者都非常喜欢高村先生的插画。

伊藤幸夫

目　录

7

第6章 现代人比较关心的时间和速度的单位 · · · · · · · · · · · · · · · **93**

第7章 与能量有关的单位 · **105**

第 1 章

什么是单位？

本书会列举各种各样的单位，虽然这些单位早已融入我们的日常生活，但是对于"什么是单位"，我们可能从来都没有认真思考过。因此，我们首先来看看什么是单位。

有单位存在的幸福

正因为有了单位，才有了共同的标准

其实自从有了物质和精神的概念以后，就已经存在单位了，只是我们在使用的过程中并没有意识到。在不使用单位的情况下，想要向别人说明大小、长度、距离、重量、浓度等信息，或者是向别人询问以上这些信息时，想要做到正确地说明和理解是非常困难的。

料理的书和菜谱的网站或应用程序中，都会明确地说明食材和调味料要使用多少。这是做出美味的菜肴必不可少的。

也有"用椒盐来调味"这种抽象的表达方式，但是如果没有确切的单位的话，遇到一个没有料理常识的人，就不一定会做出什么味道的菜了。

这只是离我们最近的例子。其实如果认真思考一下，就会明白，单位确保了社会生活当中的平等性和安全性，是保证我们安心生活必不可少的。"1 千克"这个单位起源于法国⊖，在美国和日本也使用这个单位。如果这个因国而异的话，那么在交易的时候，每次都不得不进行换算，十分不方便。单位当中也有用来计量货币的，但也许是因为与经济紧密相关，即使到了现在也没有统一起来，只能用汇率进行换算。

因为国家的不同而各异的单位有很多，使用这些单位的地点、情况不一样的话，标准也会不一样。这样的单位在本书中

⊖ 详情见 62 页。

都会介绍。

在认识各种单位之前,我们首先要确认单位是用来计量事物的标准量的名称,因为计量的事物不同,便有了各种各样的单位。

➡ **按照食谱所示的单位添加调料**

可以计数的量和无法计数的量
离散量（分散量）和连续量

正如前文所说，单位是用来计量事物的标准量的名称，也就是说单位是在计量的时候要用到的工具。因为有了单位，计量变得非常方便。

但是，计量的量也分可以计数的和无法计数的。因此在认识各个单位之前，我们先整理总结一下这些量。

先来看我们身边的例子，比如人数、圆珠笔数、家庭的数量等，这些都是可以计数的，单位分别是"人""支"和"户"。像这样可以计数并且可以比较多少的，我们称其为离散量或分散量。

与之相对的，还有无法计数的量。比如空气的量、雨水的量、湖和沼泽的水量等。计量空气时，可以把空气装入潜水时使用的高压气体容器里面，然后计量其中含有的空气的质量和浓度。计量雨水的量，可以按照一定的条件来制作容器，然后把它们放置在很多个地域，再测量容器中的积水量，这样做可以比较不同地域的降雨量。这些都是为了方便计量而想出的办法，只是用这个方法来计量和比较，对其准确性我们有所保留。

除了空气和雨水之外，像砂糖、盐及小麦粉等，虽然数清它们细小颗粒的数量也是有可能的，但是实际操作起来却十分困难。这样的量我们称其为连续量。比较连续量的时候，我们可以利用像上面提到的高压气体容器一样，将其作为标准量假定为"1"，然后给它加个单位。之后计量其他量时按照标准量计量数量，就可以进行比较了。

➡ 可以计数的离散量

三支　　　　　两个　　　　　1 台

三支、两个和一台都是离散量

➡ 无法计数的连续量

空气　　　空气

雨 ⟶

空气

河水量 ⟶

降雨量和河水量、空气都是无法计数的连续量

怎么使用和对待无法计数的量

外延量和内涵量

前文中，我们针对可以计数的和无法计数的量进行了叙述。这里面，无法计数的量（连续量）又可以分为外延量和内涵量两种。这些从字面上似乎很难理解，实际应用上却很简单。

所谓外延量，是指可以用加法来计算的量，如长度（距离）、重量、时间、面积、体积等。这些都可以通过加法计算整体的大小、宽窄和长短。正如它的名字那样，是可以向外延伸的量。

所谓内涵量，是指不能用加法来计算的量，温度、密度、速度和浓度都是属于这个定义的。比如，两天之内的气温，一天是27℃，另一天是28℃，加在一起是55℃，这倒是可以算加法，但是加起来根本毫无意义。内涵量其实是用来表示强弱度的量，即便用加法可以把数字加起来，也表示不出强度的变化。内涵量在多数时候都是由两个外延量在一起乘除得到的。比如，用距离除以时间得出速度，用质量除以体积得出密度。类似这种包含在事物或运动中，通过分量计算出来的，就叫作内涵量。

不知道大家对这样的计算是不是有印象呢？是的，这些我们在小学数学中学习过。其实，之前我们提到过的离散量和连续量，以及现在我们正在说的外延量和内涵量，都是远山启先生和银林浩先生提出的数学概念，并在日本的小学教育中推广和使用。只不过远山先生和银林先生都指出这只是事物一个分类方法而已，并不是所有的事物都有明确的分类。我们只要知道"原来还有这样的分类啊"就可以了。

➡ 可以用加法计算的外延量

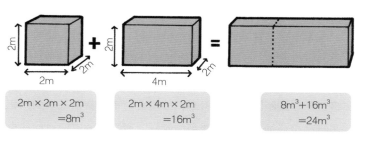

体积的单位立方米（m³）是可以用加法计算的，因此是外延量

➡ 用外延量做乘除得到内涵量

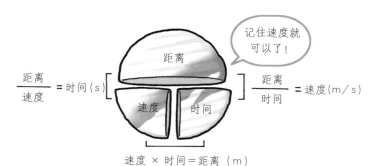

速度的单位是距离和时间做除法得来的，因此叫作内涵量

是不是什么都可以拿来做对比呢?

个别单位和普遍单位

基本单位是基本物理量的单位，有了基本单位，就能形成配套的单位体系，就可以将很多事物用客观的标准进行对比了。

在东京的房屋中介找出租房的时候，房价的标准之一就是离最近的车站距离多远。但是，即便写清楚了从某某站到出租房步行多少分钟，真正走起来的时候，所需要的时间也往往更长。这最主要的原因是作为标准的步行速度因人而异，而并不是中介工作人员走路太快。如果按照徒步 1 分钟走 80 米（m），即时速 4.8 千米（km）这个统一标准来衡量，我们就可以轻松比较多处出租房。

当然啦，从车站到出租房之间的台阶、坡路还有等信号灯的时间并没有算进去，所以实际所需要的时间有时也会相差甚远。因此，衡量标准并不是固定的，这种不能直接进行比较的单位就叫作个别单位。

与之相对的，可以直接进行比较的单位叫作普遍单位。在高速公路上以时速 80 千米（km）行进的话，不管是哪个厂家的机动车，也不管是什么种类的车，1 小时之后，都能行驶 80 千米（km）。这个表示速度的单位"千米 / 小时（km/h）"就是一个普遍单位。

在日本有个单位叫作"榻榻米（贴）"[○]，这是房屋中介

○ "榻榻米（贴）"这个单位的详细解释，请参照 50 页。

公司用来表示房屋室内面积大小的单位。但是,同样是 1 榻榻米(贴)这个单位,因为不同的种类,它们大小也是不一的,因此是否能叫作普遍单位还有待商榷啊。⊖

➡ 不能直接进行比较的个别单位

这个比较有点牵强

➡ 可以直接进行比较的普遍单位

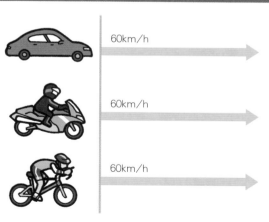

即便是车辆种类不同也可以比较

⊖ 榻榻米的种类如果可以确定的话,应该可以称为普遍单位。

有全世界通用的标准单位吗？

单位制及其历史

单位用于事物的计量和比较，因此它必须在大家都认可的情况下才能够使用。

1791 年，在法国，人们规定了通过巴黎的子午线从地球的北极点到赤道的距离的千万分之一，叫作米，它是长度单位。据说，之所以取从北极点到赤道的距离为标准，是因为要把它作为一个国际单位，就应该找到一个不受各国的气候和文化影响并具有通用性的标准。

随着长度单位"米"的使用，表示面积大小的单位比如"坪"等由于和"米"没有共通性，所以使用时不得不进行换算，这样就造成了很多不便。因此，人们又想出了面积的单位"平方米（m^2）"以及体积的单位"立方米（m^3）"，这样它们就有了统一的标准。像这样具有统一标准的单位体系，叫作单位制。

在法国之后，德国和英国（苏格兰）也相继开始这样的行动，除了以厘米（cm）、克（g）、秒（s）为标准的 CGS 单位制（CGS 电磁单位制／CGS 静电单位制／一般 CGS 单位制）外，还有以米（m）、千克（kg）、秒（s）为标准的 MKS 单位制等，衍生出了众多的单位制。但是，由于各种单位制之间都没有共通性，因此产生了很多不便。

正因为这样，在 1954 年的第十届国际计量大会上，决定采用单位米（m）、千克（kg）、秒（s）、安培（A）、开尔文（K）和坎德拉（cd）作为基本单位。并于 1960 年的第十一届国际计量大会上确定将以这 6 个单位为基本单位的实用计量单位制命名为国际单位制（SI）。

➡ 单位的历史年表（摘录）

年度	世界的动向	日本的动向
1791 年	法国制定了米制单位	
1875 年	5 月 20 日，17 个国家在巴黎正式签署了《米制公约》	
1885 年		10 月，在《米制公约》上签字
1889 年	第一届国际计量大会召开，确定了米和千克的国际原器	
1890 年		4 月，米和千克的国际原器传到日本
1891 年		制定度量衡法，尺贯法和米制单位并用
1921 年		4 月 11 日，公布了以米制单位为基础修订的度量衡法
1946 年	国际计量大会批准了在 MKS 单位制中添加 A（安培），称为 MKSA 单位制	
1948 年	第九届国际计量大会，提议创立国际单位制（SI[①]）	
1951 年		6 月 7 日，废止了尺贯法，同时导入了米制单位，在交易中普遍开始使用米制单位（公布的日期 6 月 7 日被定为计量日）
1954 年	第十届国际计量大会召开，决定采用长度、质量、时间、电流、热力学温度以及亮度的单位为基本单位	
1960 年	第十一届国际计量大会，确定了 1954 年开始采用的基本单位冠名为国际单位制（SI）	
1971 年	第十四届国际计量大会追加了物质的量的单位"摩尔（mol）"为基本单位	
1974 年		确定了把国际单位制（SI）导入到日本工业标准（JIS）的方针
1991 年		JIS 和国际单位制（SI）完全统一
1993 年		11 月 1 日，新《计量法》公布（实施日 11 月 1 日被定为新的计量日）

① 法语"Système International d'Unités"的缩写。法语发音是"SE"，日本一般按照英语的发音读成"SI"。

单位也可以组合?

组合单位和基本单位

比较不同的对象时应该选择不同的单位。"一个，两个"和"一件，两件"这种单位确实适用的场合非常多，但是如果你在数筷子的时候用这样的单位，就很难判断出你数的是一双，还是一根。在这里，如果你使用"膳"这个单位，大家很容易就可以判断出是两根筷子，也就是一双的意思。

那是不是说根据对象不同，可以创造更多的单位呢? 并不是这样。单位的数量越多，正确理解各个单位的难度就越大。因此，记住两个或两个以上可以广泛使用的单位，然后把它们组合成具有其他意义的单位来使用非常必要。这样组合而成的单位就叫作组合单位。

国际单位制（SI）里，有 7 个基本单位，即米（m，长度）、千克（kg，质量）、秒（s，时间）、安培（A，电流）、开尔文（K，温度）、摩尔（mol，物质的量）和坎德拉（cd，亮度）。

在这当中，首先来看我们最熟悉的单位米（m）。它单独使用时表示长度，当纵向的长度和横向的长度相乘时就组成了面积的单位，再乘以高度，就组成了体积的单位。

复杂的组合单位在书写时会变得很麻烦，不过这并不需要担心。复杂的组合单位可以简化成容易表示的单位。例如，能量的单位如果用 SI 的基本单位 "$m^2 kg\ s^{-2}$" 来表示的话很复杂，可以把这一长串的单位简化为 "N[⊖]·m"，或者可以更简单地改为 "J[⊜]" 来表示。

➡ 把单位组合起来，就可以成为另一个单位

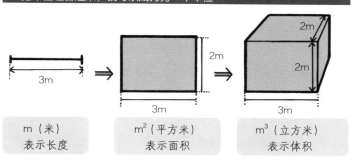

| m（米） | m²（平方米） | m³（立方米） |
| 表示长度 | 表示面积 | 表示体积 |

➡ 国际单位制里的7个基本单位

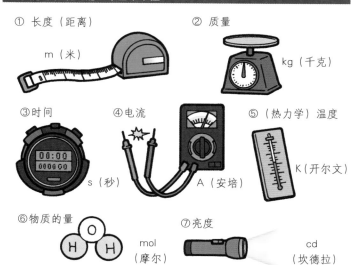

① 长度（距离）

m（米）

② 质量

kg（千克）

③时间

s（秒）

④电流

A（安培）

⑤（热力学）温度

K（开尔文）

⑥物质的量

mol（摩尔）

⑦亮度

cd（坎德拉）

⊖　"N（牛顿）" 这个单位的详细解释可参照 152 页。
⊜　"J（焦耳）" 这个单位的详细解释可参照 110 页。

单位之间的约定
用正确的符号表示

　　单位的表示方法也要求有共通性。正如本书一开始提到的，我们总是无意识地去使用一些单位，因此很少去特别注意单位的表示方法。但是如果想把单位作为一种共同的标准来使用，它们的表示方法也是至关重要的。

　　例如，被广泛使用的"米（m）"这个单位，是用小写英文字母正体来表示的。同样是正体，大写英文字母"M"却表示"兆"的意思（参照185页）；小写英文字母如果是斜体"*m*"，就是表示质量的符号了。

　　也有特殊的例子，比如表示容量的单位"升"，是用"l"来表示的，但是也许是这个字母和数字1太容易混淆了，人们常常会使用大写字母"L"来表示，或者说更倾向于用大写字母。这样就会方便很多。

　　也有人用斜体"*ℓ*"和"*l*"来表示"升"，但这是错误的表达方法，正确的表达方法是用"L"来表示"升"。

　　另外，在使用人名作为单位时，一定要用大写字母来表示。与之相反，在表示正规的拼写时应该用小写字母。牛顿的名字作为单位使用时（参照152页）应该用"N"表示，而正规的拼写时应写为"newton"。

　　也有例外的情况。比如欧姆，按理说人名作为单位来使用，正规拼写是"ohm"，作为单位使用时应该写为"O"。但是，习惯上人们却用"Ω"来表示。

　　顺便提一下，用来表征地震强弱的震级，与其说它是单位，不如说它是个尺度，它的表示方法也很让人意外。一般来讲"M"似乎是正确的，但是正确答案却是斜体的 "*M*"。

➡ 单位的表示方法

日本的《计量法》

在日本，由经济产业省制定的《计量法》是进行交易时所使用的各种单位的标准。《计量法》制定于 1951 年，由在那之前一直使用的度量衡法^一修订而成。在这项法律中明确规定，为了统一单位的使用，要废止原有的度量衡法。但是，已经使用习惯了的单位发生变更的话，很容易引起交易中的混乱，因此，像"海里"和"毫巴（mb）^二"等这样具有特殊用途的单位，虽然法律制定得非常严格，但是也允许它们继续被使用。此后，在 1992 年，为了与国际单位制（SI）保持一致，日本对《计量法》进行了大规模修订，明确非 SI 单位都在规定期限内废止使用。现在仍然被广泛使用的"卡路里（cal）"，本来应该表示为"焦耳（J）"，但是由于它是表示人与动物的营养摄取和代谢所需要消耗的热量的特殊单位，所以特定领域可以继续使用。

据说，如果违反《计量法》，会被罚处 50 万日元以下的罚金（《计量法》第 173 条）。在第 3 章中我们会提到，电视屏幕的尺寸用"英寸（in）"表示，但是日产电视的说明书中却写成"46 型"等。"型"并不是国际单位制（SI），但是从没有听到任何电视的厂家被罚款的新闻。

就这个问题我们咨询了经济产业省的计量行政室，他们的回答是：电视屏幕尺寸的"型"是产品的种类和规格，并不是计量单位，所以它不是《计量法》针对的对象。好吧……接受。

一　详细的解释请参照 28 页。
二　详细的解释请参照 176 页。

第 2 章

单位是怎么产生的?

我们的生活中不可或缺的单位到底是怎样产生的呢? 本章中我们将介绍一下单位的起源以及相关的历史故事。

因为需要而产生的单位

很久以前，人类以狩猎为生。起初应该都是靠直觉来捕捉动物的，忽然有一天，人们发现动物会在固定的时期进行迁徙。在旧石器时代，人们会根据动物迁徙的习性来进行狩猎。他们为了知道动物迁徙的时期，通过观察月亮的圆缺、太阳的活动以及昼夜变换的次数来研究动物迁徙的规律。然后，狩猎后的收获需要进行分配，也有计数的必要。所以为了生存，除了交流时必须使用的词汇和语言之外，数学也随之诞生了。

后来，随着地球变暖，一边迁徙一边狩猎的人类开始在固定的地方常住，并且开始了比狩猎更有效率的农耕和畜牧。

最开始的时候，好像是在地上挖个坑竖起一根柱子，在上面搭个屋顶住着。渐渐地，发现了把柱子按照一定的间隔排列好，就可以更有效地抵御风雨。这之后，开始需要测量长度，因此长度的单位也产生了。

之后，为了能让农耕和畜牧更有效率，人们开始了共同作业。决定好耕作的场所进行分割，如果按照面积来决定分配的话，测量土地的面积自然也就很有必要了。最初的面积测量，应该是从耕地开始的。在耕地的周围走一圈，来测量土地的大小。

渐渐地又形成了村落，也会发生和其他村落之间的交流。物物交换时，也需要一些标准去比较一些长的短的、大的小的、重的轻的等物体，用数值来表示标准，这就是单位的开始。这些计量长度、容积、重量的标准就是度量衡这个词的起源。所谓度量衡，就是指计量长度、容积、重量的标准和器具的统称。

从最初表示长度、容积和重量的标准，到现在根据不同的需要产生的各种各样的标准，人类在集体生活中由于需要而产生的计量事物的标准量的名称，就是单位。

➡ 度量衡

度　指的是计量长度的标准和器具

大约 15cm
左右?

量　指的是计量容积的标准和器具

用两只手
一捧

衡　指的是计量重量的标准和器具

哪个更重呢?

以太阳的大小为标准的单位

斯泰德

从地球上目测太阳，你知道太阳移动像它的直径那么长的距离需要多少时间吗？比如说，太阳从高楼后面出现到完全露出来需要多少时间呢？其实，是大概 2 分钟左右。从地球看太阳的直径（目测直径），如果用角度来表示的话大约是 0.5 度（说的更细致一些大约是 32 分⊖）。如果按照一天 24 小时（=1440 分钟）之内地球自转一周来思考的话，一周有 360 度，计算起来，转过 0.5 度所用的时间就是 1440 分钟 ÷ 360 度 × 0.5 度 = 2 分钟。看来确实是 2 分钟。

古代人利用太阳移动直径那么长的距离来计算移动时间，进而定出距离单位。具体的做法是看见太阳从地平线升起的时候开始向着太阳的方向走，一直走到看到全部的太阳都露出来为止，再测算走过的距离。

这个距离的单位叫作斯泰德，用现在的长度来说，大约为 180 米（m）。用 2 分钟走完 180 米（m），也就说明时速大约为 5.4 千米（km），我们现代人的步行时速为 4 千米（km），看来古代人走路是相当快的。

在古代的奥林匹克竞技场上，人们都是以 1 斯泰德的长度作为直线跑道。跑道的起点和终点都用石块垒成一条线，测量

⊖ 1 分是 1 度的 1/60。详细解释请参照 88 页。

一下间距会发现，根据地点不同，1 斯泰德的长度存在微小的差异。不知道是当时的人以为这么小的差异没人在乎呢，还是根本没有发现这微小的差异。

那时最短的比赛距离就是 1 斯泰德。之后又以其名命名了这项比赛的名称，叫作场地跑，而比赛所用的场地被叫作运动场。

➡ **斯泰德的长度**

因为地点不同，1 斯泰德的长度也会有微小的差异。

雅典	184.96m
德尔斐	178.35m
奥林匹亚	191.27m
埃皮达鲁斯	181.30m

离我们最近的单位

腕尺、拃、掌、指、英寸、英尺

离我们最近的单位是以我们人类自身的身体作为标准的单位。

古埃及最早的长度单位叫作腕尺。腕尺是肘部尖端到中指末端的长度。腕尺是以那个时代的国王的手臂为标准测量制定的。因此，如果国王换了人，那么这个单位的长度标准也就随之改变。即便是这样，腕尺这个单位还是作为古代东方各国长度的基本单位被使用，著名的金字塔等建筑就是以腕尺为单位标准建造而成的。这个单位广泛用于古埃及，也用于古希腊和古罗马，一直被使用到19世纪。

腕尺的2倍即双腕尺，是码（yd）的基础单位，1码等于2腕尺。有一种说法认为1米（m）实际上是人们在双腕尺的基础上得到的长度单位。这足以说明腕尺曾经是多么重要的长度标准。

另外，手掌展开从拇指到小指的最大宽度被叫作拃，是腕尺长度的一半。除大拇指之外的四根手指并在一起的宽度，被称作掌，掌的四分之一，也就是一根手指的宽度，叫作指。剩下的大拇指第一节的长度称作英寸（in），这个单位一直沿用到现在。

另外，除了手之外，脚的宽度也被用作单位，叫作英尺（foot）。英尺的长度被定义为30.48厘米（cm）。

以我们人类的身体作为标准的单位，好像有很多还在使用。这是跟我们最亲密的单位啦！

➡ 以手、脚长度为标准的单位

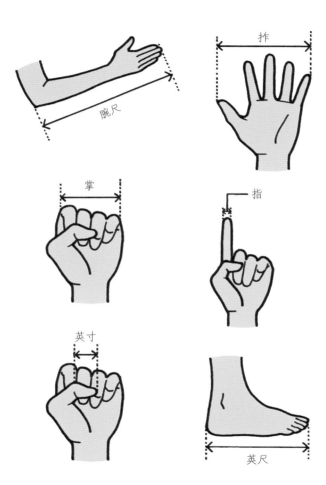

由步子生成的单位

罗马步，罗里，英里

在古罗马，以士兵队伍行进时走两步的距离作为长度单位的标准，称为罗马步，也就是两只右脚或两只左脚脚印之间的距离。它大约相当于现在的 148 厘米（cm）。

罗马步的 1000 倍叫作罗里，大约相当于现在的 1.48 千米（km）。据说英里（mile）一词来源于罗里的拉丁语"mille"。

古罗马有很多条街道，最开始都是自然形成的，但是在公元前 312 年以后，从亚壁古道开始，人工建造的街道形成了。亚壁古道又叫"女王之路"，现在仍然保留着古街道的样子。

亚壁古道上排放着很多里程碑（mileston）。里程碑从街道的起点（罗马）开始，每隔 1 罗里放置一座，由于从起点开始就标记了序号，因此看到里程碑就可以推算出离起点的距离。古罗马的所有街道，据说都设置了里程碑。这对于行走在街上的人们来说，是非常方便的。现代的道路和铁路上使用的里程碑，据说也源于这里。

➡ 延续至现代的单位

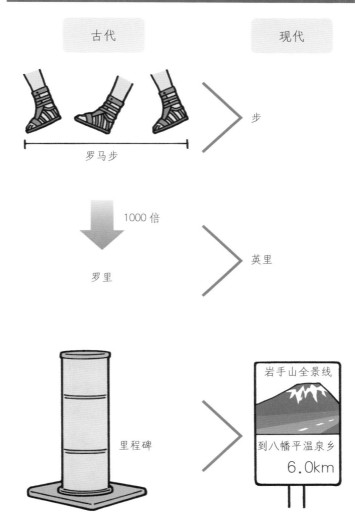

古代　　　　　　　　　现代

罗马步　　　　　　　　　步

1000 倍

罗里　　　　　　　　　英里

里程碑

岩手山全景线

到八幡平温泉乡
6.0km

由生物的能力产生的单位

罗马亩，英亩，摩根，马力，拘卢舍，由旬

很久以前，在农耕的过程中要用到的单位，都是以人类或者动物的能力为标准产生的。

古罗马有一个面积单位叫作罗马亩。据说它是指"两头牛在一上午所能耕种的面积"或者"一头牛一整天所能耕种的面积"。英国至今仍在使用的英亩指的是"一个人牵着两头牛，用牛軛⊖拉着犁⊜，一天能耕种的面积"。13世纪爱德华一世时据说就已经开始使用这个单位了。关于英亩详见80页。

表示面积的单位中，还有一个叫作摩根的。它是指一头牛一上午耕种的面积。摩根（morgen）在德语中是早晨的意思。

除了牛以外，从古时候就开始帮助人类生活至今的动物还有马。马是能够运输人和货物的大力士，以它的力量作为标准制定的单位是马力，关于马力详见108页。

在古印度，据说有一种单位叫作拘卢舍，它表示的是能听到牛的叫声的距离。1拘卢舍相当于1.8千米到3.6千米的距离，是很模糊的距离表达呀！另外还有表示牛在一天当中走的距离的单位叫作由旬，是10千米到15千米，这个也不是很精确的单位。

⊖ 牛拉东西时架在脖子上的器具。
⊜ 翻土的工具。

➡ 上午或一天可以耕种的面积

摩根 一头牛一上午耕种的面积	
罗马亩 两头牛一上午或者一头牛一整天耕种的面积	
英亩 两头牛一天耕种的面积	

由中国传到日本的单位

尺，寸，分，丈，仑，合，升，斗，斛，步，坪，亩

古代中国也和西方一样，曾经使用人的身体作为标准来制定单位。把手伸展开来，从大拇指到中指的宽度就叫作尺，和英寸一样，大拇指末节的长度就是寸。

但是，单以手的宽度来作为标准是没有固定值的，因此，人们又开始了以工具为标准来制定长度和容积的单位。

约公元前 9 年，人们开始使用一种叫作"黄钟"的笛子。这种笛子的音阶的标准是已经规定好的，因此为了奏出同样波长的音，长度就一定要确定下来。而且，这种笛子的长度和 90 粒的黑黍米排列出来的长度是一样的。因此，黑黍米一粒的长度定为 1 分，10 分定为 1 寸，10 寸就是 1 尺，10 尺又叫作 1 丈。

在那之后，又制作出了尺子。特别是在中国周朝的时候，建筑用的"曲尺"传到了日本，现在仍然在使用。

笛子不仅是长度的标准，容量的标准也使用它。在笛子里面装入 1200 粒的黑黍米，与之相同的水量叫作仑，它的 2 倍叫作合。10 合是 1 升，10 升是 1 斗，10 斗是 1 斛。

另外，同西方一样，中国也曾经用步幅作为标准来制定面积的单位。两步的长度叫作 1 步，而边长为 1 步（约为 6 尺）的正方形的面积叫作"1 坪"。除此之外还有亩这个单位，周朝时亩是长 100 步宽 1 步的长方形的面积。随着时代的变化，亩的大小也发生了变化。传入日本以后，亩相当于 30 坪那么大的面积。

➡ 汉字的原型

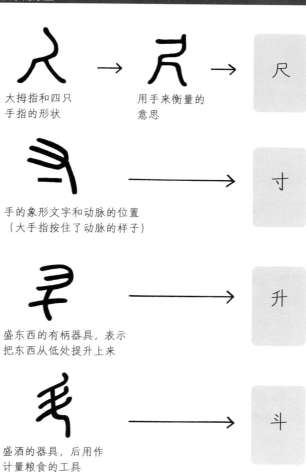

大拇指和四只
手指的形状

用手来衡量的
意思

尺

手的象形文字和动脉的位置
（大手指按住了动脉的样子）

寸

盛东西的有柄器具，表示
把东西从低处提升上来

升

盛酒的器具，后用作
计量粮食的工具

斗

独特的日本单位

握，掬，尺，咫，寻，常

在日本由中国引入计量单位之前，有自己独特的单位：握、掬、尺、咫、寻、常，它们都是用手来计量的单位。

"握"是握紧拳头时4根手指的宽度，大约是3寸（9厘米）。同样的单位还有"掬"，是4根手指能抓住的物体的长度。"尺"是大拇指和中指张开的长度，大约6寸（18厘米）。与之相似的还有"咫"，它是把手张开以后大拇指和食指之间的长度，是"碰手"转变而来的。"寻"是两只手水平张开时的长度，大约5尺（1.5米）。"常"是"寻"的2倍，大约是1丈（3米）。之后据说被"丈"代替了。

时间的表示方法也很独特。在江户时代，太阳升起的早上6点叫作"黎明六"，太阳落山的傍晚6点叫作"日暮六"。午夜12点和正午叫作"九"。人们的想法就是，一天是从"黎明六"开始的。另外，每两个小时就会定为一个十二支的名称，而它们又分别从一刻钟开始到4刻钟为止，分为4个时间段。唯一一点，日出和日落的时间是因为季节变化而发生改变的，过去的人会因为季节的变化来判断时间的长短而进行生活。乍一看好像很不方便，但根据太阳的高度就能够知道大概的时间，其实很方便。

另外，十二支不仅能表示时间，还可以表示方位。东南西北又分别用卯、午、酉、子来表示，更进一步而言，把东北叫作"丑寅"，东南叫作"辰巳"，西南叫作"未申"，西北叫作"戌亥"。

东北叫作"鬼门"，被人们认为是不吉利的方位，从这个方位进出的鬼怪，都是像牛一样长着角、穿着虎皮制成的衣服。这些，据说也都是从"丑寅"这个词来的。

➡ 江户时代的时刻

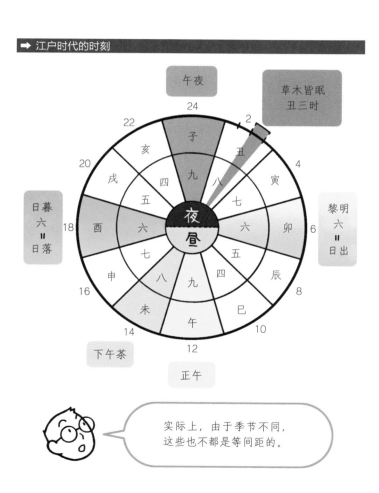

实际上，由于季节不同，这些也不都是等间距的。

太阳和月亮的大小

前面讲过太阳直径的话题。你知道吗？在地球上看到的太阳的大小和月亮的大小基本是相同的。只是，由于月球围着地球旋转的轨道和地球公转的轨道是椭圆形的，所以，月亮并不是什么时候看起来都是一样大小。月亮比太阳看起来稍微大一点的时候，就是太阳躲在月亮的光影后面的时候，这叫作"日全食"。出现日全食以后，平时由于太过耀眼而看不见的日冕也可以用肉眼来观测。与"日全食"相反，太阳的大小看起来更大一圈的时候，太阳从月亮的光影漏出一圈光，这叫作"日环食"。

在这，可能有人会提出疑问。"即便有这样的说法，可是月亮的大小，也不是一直不变吧？"

确实，月亮的大小，在看起来位置很高的时候，和看起来与地平线很接近的时候，呈现的大小是完全不一样的。但是，这其实是视觉的错觉造成的。这种现象叫作"月亮错觉"。

传说从公元前就一直是个谜。直到现代也还没有解开这个谜，但是却有好多种学说来解释。例如"在天上的月亮，由于和漆黑的夜空形成对比效果，所以看起来很小。"还有"地平线上的月亮，和地面之间，有很多建筑物夹杂在中间，受其影响，纵深看起来就更深一些，因此看起来也就更大一些"。手里拿着日元五元的硬币，把手臂伸直，这时你看到的中间的空洞的大小就是月亮的大小，有机会可以试一试。

有时夕阳看起来很大，这也是同样的现象，实际上大小都是相同的。

第 3 章

长度和距离的比较

在单位当中，我们最常使用的是长度单位。本章当中，会介绍各种各样的长度单位，包括表示肉眼几乎看不到的微生物大小的单位，和表示大到可以让你窒息的宇宙天体之间距离的单位等。

离我们最近的长度单位

m, km, cm, mm, μm, nm, pm

当问到某个物体的长度是多少时，人们通常会回答它的长度是多少米（m）或多少厘米（cm）。这是因为我们平时使用的尺子都是以米（m）为单位的，所以下意识地就会使用这个单位。

但是，米（m）这个单位，大概很少有人知道它是法语里"测量"这个词演化而来的。日语里面有好多的"外来语"，但来自法语的不太多。因此米（m）这个单位来自法语这件事情会让我们觉得有点意外。

在英语中，许多测量仪器的名称都是直接在"meter（米）"前面加上被测物体得来的。另外，在定衣服尺寸的时候，测量身体尺寸叫作"measure"，这个也是从英语中来的。

长度的基本单位是米（m），比这个长的、远的叫作km（千米），更短的、近的叫作厘米（cm）和毫米（mm）。前面加上词头（参照185页），就可以表示千倍或者百分之一、千分之一。在日常生活中不会经常使用的微米（μm）是百万分之一，纳米（nm）是十亿分之一，pm（皮米）是一兆分之一。

米（m）是国际单位制（SI）的基本单位，无论多长的距离，哪怕是肉眼看不到的小东西，都可以用这个单位来进行测量和表达，真不愧是"长度的万能选手"啊。

➡ 长度单位

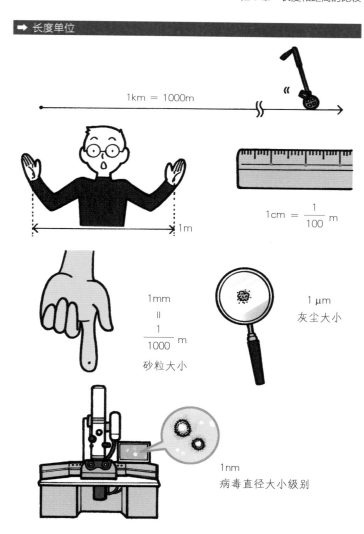

1km = 1000m

1m

$1cm = \dfrac{1}{100}\ m$

1mm
=
$\dfrac{1}{1000}\ m$
砂粒大小

1 μm
灰尘大小

1nm
病毒直径大小级别

45

牛仔裤的尺寸是多少？

in，yd

一般来说，每个人都会有一两条牛仔裤吧。如果被问到上面题目中提到的问题，你会怎样回答呢？

牛仔裤的尺寸用厘米（cm）为单位来表示自然是可以，但是更多时候会用英寸（in）表示。

1英寸（in）是2.54厘米（cm），这与亚洲使用的长度单位"寸"的值很相近，in在中国被称为"英寸"，在日本，于明治时代被写为"吋"。

英寸（in）并不是国际单位制（SI）中的单位，而是英语国家的习惯用法，属于码磅度量衡法里面的单位。所谓码磅度量衡法，是因其长度的标准是码（yd）、重量[○]的标准是磅（lb）而得名。在日本也称呼这种方法为码磅度量衡法。据说在英国被称作Imperial unit（英国度量衡单位），在美国被称为US customary unit（美国惯例单位）。最开始其实"pond（磅）"是荷兰语，英语里面拼写成"pound"。

in 与同在码磅度量衡法中的单位 ft、yd 之间的关系是 1in=1/12ft、1in=1/36yd。

另外，in 也有用符号来表示的时候。这个时候使用的符号

○ 标准的说法是"质量"。

46

是 """（双撇号）⊖。

　　这个和双引号是完全不同的，虽然看起来很相像，大家在使用时一定要区分清楚。

➡ 用英寸测量身边的物品

● 牛仔裤的腰围
28in=71.12cm

● 电视和电脑的屏幕的对角长
55in=139.7cm

● 机动车和摩托车轮毂直径
15in=38.1cm

● 自行车的轮胎充气
时外圈的尺寸
16in=40.64cm

　　同样是交通工具，同样用英寸来测量，
但是机动车、摩托车和自行车各自测量的部位是不同的。

⊖　角度的"秒"也用这个符号表示。

棒球要打出多远才算本垒打？

yd，ft

在日本人气最高的运动就是高尔夫球和棒球了。打高尔夫球的时候，球飞出的距离和标杆之间的距离用码（yd）这个单位来表示。棒球场的大小用英尺（ft）这个单位来表示。像这样在运动中使用的单位，多数都是沿用了发源地所使用的单位。

在棒球比赛中，投手板到本垒的距离被设定为60.6ft。1ft⊖是0.3048米（m），换算过来就是18.47米（m）。

本来，确定了以ft为测量单位，就不会出现那么零散的数值，出现这个结果，有以下原因。原本投手板到本垒的距离应该是45ft，但是，有一位名叫阿蒙罗西的投球手，他投出的球由于速度太快没法接住，所以规则委员会在1893年把距离延长到60ft。但是，在棒球场的设计图制图的过程中，由于规则委员会提出的数值"60.0ft"写得含混不清，人们误以为是"60.6ft"，就在设计图上写下了看错的值。等他们发现这个错误的时候，为时已晚，也只能那样了。这听起来让人觉得很不可思议，但是这确实是事实。而且，一场棒球比赛9个回合这个规则，好像也是由于"准备饭菜的时间推算不出"而决定的。听说这是比赛进行完以后，做饭的大厨说的话，因此确定了比赛规则。

棒球场的大小也不都是一样的。日本公认的棒球规则2.01规定："两端在320ft（97.53米）以上，中坚在400ft（121.92米）

⊖ 单数的时候是"foot"，但是在日本即便是1也读作"feet"。

以上优先使用"。但即便是日本专业棒球队的场地，在 2017 年的时候仍然有达不到这个标准的。

在棒球的起源地美国，当初为了能在大街上的空地建造棒球场，所以棒球场基本上是形状各异、大小不同的，日本也学着这样做了……我觉得这样是可以理解的。

➡ 英寸、英尺和码的关系

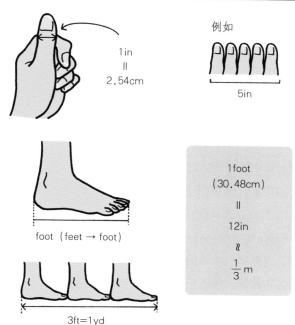

例如

1 in
=
2.54cm

5in

foot（feet → foot）

3ft=1yd

1foot
（30.48cm）
=
12in
≒
$\frac{1}{3}$ m

无论作为标准的是大拇指的宽度，还是脚的大小，平均值都比日本要大一些，这难道是人种的差别吗？

散在家里的日本单位

间，叠（帖），尺，寸

正如第 1 章中所阐述的，即便是现在的日本已经规定了要使用国际单位制（SI），但是尺贯法也没有完全消失，人们已经习惯了使用尺贯法。

这其中，有一个叫作"间"的单位，原本是表示"柱子与柱子之间的距离"的单位。1582 年，开始进行太合检地，"间"的长度被定为 6 尺 3 寸，江户时代又改为 6 尺 1 寸，且因地域不同又有所不同。直到明治时代，正式定为 6 尺。

此外，一直沿用到现在的单位还有"叠"。按照书面意思来理解，就是表示"一张榻榻米草席的大小"的单位。就像有一句名谚语中所提到的"站起来半叠，躺下来一叠"，这足以见得，"叠"这个单位和日本人的生活是密不可分的，把它作为单位来使用也是理所当然的。

第 1 章中曾经阐述过，即便是在现代，不管西式的房间还是日式的房间，都是用"叠"或"帖"来丈量的。因此，日式的房间用"叠"，西式的房间用"帖"来表示的说法是不存在的。不动产公司的广告标准，1 叠（帖）是 1.62 平方米（m^2）以上，通常都是这样进行换算的。但是，由于各个地方的榻榻米草席的种类各不相同，所以想要找到作为全国的标准来使用的榻榻米草席也是有难度的。

除此之外，在测量家具的时候，常用的单位是尺和寸。它们都是在米制单位里用 30.30303…厘米（cm）或是 3.030303…厘米（cm）来表示的。

➡ 微妙的榻榻米尺寸

京间

6 尺 3 寸
（1.909m）

3 尺 1 寸 5 分（0.955m）

别名：本间、本间间、关西间、叠间、帖间
采用地域：主要是四国、关西地方等
6 尺 3 寸（1.909m）×3 尺 1 寸 5 分
（0.955m）≈ 1.82m²

六二间

6 尺 2 寸
（1.88m）

3 尺 1 寸（0.939m）

别名：佐贺间
采用地域：九州
6 尺 2 寸（1.88m）×3 尺 1 寸
（0.939m）≈ 1.76m²

六一间

6 尺 1 寸
（1.848m）

3 尺 5 分（0.924m）

别名：六一、安芸间
采用地域：山口县、广岛县
6 尺 1 寸（1.848m）×3 尺 5 分
（0.924m）≈ 1.71m²

中京间

6 尺
（1.82m）

3 尺（0.91m）

别名：三六间、三六、名古屋间、间之间
采用地域：中部、名古屋
6 尺（1.82m）×3 尺（0.91m）≈ 1.66m²

江户间

约 5 尺 8 寸
（1.757m）

约 2 尺 9 寸（0.879m）

别名：关东间、乡村间、五八间、五八、蒸间、真间
采用地域：关东、东北、北海道
约 5 尺 8 寸（1.757m）× 约 2 尺 9 寸（0.879m）
≈ 1.54m²

团地间

5 尺 6 寸
（1.7m）

2 尺 8 寸（0.848m）

别名：五六间、五六、公团
5 尺 6 寸（1.7m）×2 尺 8 寸
（0.848m）≈ 1.44m²

把柱心的间隔作为标准，榻榻米草席的大小自然会产生误差。

测量更长、更远、更宽的距离
弗隆，链，英里，海里（国际海里）

　　表达距离时，国际单位制（SI）中通常用千米（km）。而在码磅度量衡法中，有码、链、弗隆、英里等各种各样的单位。

　　与46~49页当中所提到的"yd（码）"相比，1弗隆（furlong）等于220码（yd）、660英尺（ft）、10链（chain），换算成国际单位制（SI）是"201.168米（m）"。

　　弗隆这个单位，也许很多人并不熟知，在日本，它和英里一样，用于赛马。但是为了方便⊖，日本的赛马将弗隆定为200米（m）。而1英里（mile）相当于8弗隆（furlong），换算

➡ 单各尺寸之间的关系

1 弗隆
= 220 码 =660 英尺 =10 链 =201.168 米

8 弗隆 =1 英里

GOAL

　　⊖　为了遵守计量法，米（m）也可以使用，实际上跑道的距离用米来表示的时候更多。但是英里和弗隆与米（m）进行换算的时候会出现小数，很麻烦也不好理解，因此就不用了。

成国际单位制（SI）是 1609.344 米（m），日本赛马场上简化定为 1600 米（m）。

当然，这些都是陆地上使用的单位。海上和空中的 1 英里（mile）要比陆地上的更长，是 1852 米（m）。所以，为了与陆地上的英里区分开，它叫作"国际海里（nautical mile）"或者"海里（sea mile）"。

有时候"英里"也叫作"国际英里"，但指的是陆地上的长度单位"英里"。

其实，现在在以码磅度量衡法为主导的美国，除此之外还会存在"测定用英里（US survey mile）"和"测定用英尺（US survey foot）"等单位。根据这些单位的定义，1 英寸等于 2.54000508001 厘米，和之前出现的 2.54 厘米（参照 46 页）相差无几，但也有误差。因此，在测量大面积的土地的时候，误差就会比较大，不过美国国土辽阔，相信这也是在能接受的误差范围吧。

➡ 海陆空的距离单位

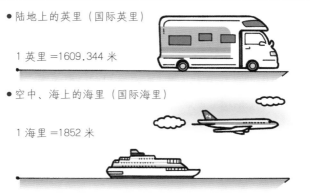

- 陆地上的英里（国际英里）

　1 英里 =1609.344 米

- 空中、海上的海里（国际海里）

　1 海里 =1852 米

日本的长度单位和参拜道的石柱

里，步，町（丁），间，尺，寸，分

下面，把目光再次移到日本吧。在日本，当我们表达比较远的距离时，会使用尺贯法中的"里"这个单位。这个单位来自中国，用来表示距离。在日本，它是长度单位。那么，1 里有多长呢？不同的时代和地域是不一样的，大约是 100 户或者 110 户。

"里"这个单位传到日本时是奈良时代，当时的律令制规定 50 户为 1 里。以步为标准，1 里相当于 360 步，每 60 步为 1 町（丁），360 步就是 6 町（丁）。但是，这样测定的长度，会随着测量长度的人不同而不同，因此并不精准，每次都会发生变化。

最终的数值是 1891 年制定的度量衡法中规定的 1 里等于 36 町，换算成国际单位制（SI）是 3927.2727 米（m），约为 4 千米（km）。

说到町，我（伊藤）立刻想到高野山。2004 年 7 月，联合国教科文组织宣布"纪伊山地的灵场和参拜道"正式作为世界遗产，高野山作为它的一部分，吸引了很多观光客前来拜访。

高野山的参拜道上，每 1 町就会树起一根叫作"町柱"的石柱。以山上的坛上伽蓝·根本大塔为起点，一直到慈尊院内，有 180 根，从大塔到高野山的弘法大师御庙共有 36 根，合计有 216 根町柱。参拜者"到底有多接近"空海（弘法大师），是能根据町柱测算出距离的。

1 町等于 60 间，1 间等于 6 尺，1 尺等于 10 寸，1 寸等于 10 分，按照这样推算，日本的单位进制混合着 10 进制和 60 进制。与这个比较起来，统一为 10 进制的国际单位制（SI）中的米（m），就显得简单多了。

➡ **用尺贯法表示长度**

已经到这里啦

还有很长很长的路呢

1 町（丁）=60 间 ≈ 109 米
短跑的距离

1 间 = 6 尺 ≈ 1.8 米
柱子和柱子之间的距离

1 尺 =10 寸 ≈ 30.3 厘米

1 寸 =10 分 ≈ 30.3 厘米
分是寸的 $\frac{1}{10}$

遥远的宇宙单位

天文单位（太阳距离），光年，秒差距

天文学的数值，大到可以让你瞠目结舌、难以置信。第 2 章曾经提过，因为单位和人类的生活联系太紧密了，以至于人们会用自己的身体作为单位标准来进行测量。但是对天体距离的观测和推算，可就超乎我们的想象了。

虽然使用国际单位制（SI）中的单位也可以表达天体之间的距离，但是并不容易理解和使用。

因此，有专门用在天文学中的单位。地球是太阳系中的一颗行星，以太阳和地球之间的距离为标准制定了长度单位，叫作天文单位（简写为 AU）。准确地说，天文单位的定义是"地球围绕太阳公转时无摄动椭圆轨道的长半径"。简单一点儿说，是"太阳到地球的平均距离"。不管怎么说，都是非常遥远的距离，即便是有点儿误差，也是理所当然的。这个单位主要用于测量太阳系天体间的距离。

接下来，说一下在小说、电视剧、电影中经常见到的光年（light year，ly）吧。正如其名，光年就是光在一年当中所行进的距离。如果不知道光速，就很难想象光年到底是多远。光在 1 秒钟内可以行进 30 万千米[一]（km），也就是可以围绕地球 7 周半的距离，所以用光年来表示天体间的距离再合适不过了。

还有一个单位可以表示很遥远的距离，叫作秒差距（pc）。

[一] 准确地说，是 29.9792458km（千米）。

它是建立在三角视差基础上的、最标准的测量恒星与地球之间距离的方法，是由 "parallax（视差）" 和 "second（作为角度的单位的秒）" 组合在一起得到名称的单位。

➡ 天文单位（太阳距离）

地球　　　　　　　　　　　　　　太阳

1 天文单位

➡ 光年

1 光年
= 以 1 秒围绕地球转 7.5 周的速度跑一年的距离
≈ 94600 亿千米

➡ 秒差距（pc）

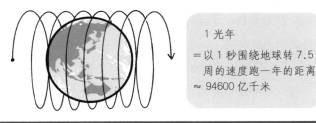

太阳　　　年周视差 = 1 秒（角度）
　　　　　　　　　　　　　　　　　恒星
1 天文单位
　　　　　1 秒差距
地球

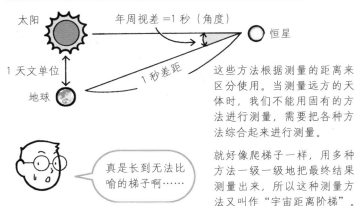

真是长到无法比喻的梯子啊……

这些方法根据测量的距离来区分使用。当测量远方的天体时，我们不能用固有的方法进行测量，需要把各种方法综合起来进行测量。

就好像爬梯子一样，用多种方法一级一级地把最终结果测量出来，所以这种测量方法又叫作"宇宙距离阶梯"。

长度的基石——米原器

本书中列举了很多单位，从其性质来说，其实是为了用数值来表示"某个量"，为此需要一个固定的标准。像这种用作测定标准的、能够表示出基本单位具体大小的事物，叫作原器。

在 21 页中列出了单位的历史年表，1875 年 5 月 20 日[○]，17 个国家统一了米制单位之后，在 1879 年，制作出了米和千克的原器。

米原器和千克原器一样，都是用含 90% 的铂（白金）和 10% 的铱的合金制作而成的。米原器的两端呈 X 字形，这是构思者特雷斯卡设计的，因此也被称作"特雷斯卡断面"。

两端附近有椭圆形的标记，里面还有三条平行线，0℃（摄氏度）时，中间的刻度间隔就是 1 米。米原器当时作为实验制

➡ 初期的米原器

○ 为了纪念这一天，每年的 5 月 20 日被定为"世界计量日"。另外在日本还有一个计量日。在日本新《计量法》于 1993 年实施以后，11 月 1 日作为经济产业省四大纪念日之一被定为"计量日"。

作了 30 根，其中的 No.6 是和"档案米[⊖]"的值最接近的，因此它就是国际米原器了。

像这样制作出来的米原器，在 1889 年召开的第一届国际度量衡大会（CGPM）上得到公认，这种原器传到日本是在 1890 年，而在那不久之前的 1885 年，日本刚刚在《米制公约》上签字。据说当时抽签的结果是，日本被分到的 No.22，与国际上认定的米原器（标准器）比较起来，要短 0.78 微米（μm）。

因此，物理的原器是存在误差的，随着时间的变化，并不是十分准确。另外，也不能否认有丢失（偷盗）和烧损等的可能性存在。因此，在 1983 年的第十七届国际计量大会上，米原器作为物理测量工具被重新定义：在 1 秒的 1/299792458 [⊜]的时间里，光在真空中传播的距离。

但是，为了使这个定义能够有更实在的意义，就需要定义"1秒"。因此，关于这个"秒"，在 1967—1968 年的第 13 届国际计量大会上，认定了以下的定义：铯 133 原子基态的两个超精细能阶间跃迁时所辐射的电磁波的周期 9192631770 倍的时间。

更新了米的定义后，人们就能够更加准确地测量出长度了，但是，按照新的定义，就又需要制作新的原器了，所以新的米原器又被制作出来了。

使用了新的米原器后，与原来的米原器的误差相比，可以用这样的比喻来形容。如果说之前的误差是"从东京到大阪之

⊖　法国人确定的，将通过巴黎的地球子午线长度的 $4×10^7$ 分之一确定为 1 米，称为"档案米"。

⊜　299792458m/s（米／秒）是光速。

间的距离误差为一个高尔夫球"的话，那么现在就可以说是"从东京到中国北京之间的距离误差为一根头发"了。精确度得到了质的飞跃。初期的米原器是由法国制作并分配下来的，而现在国内使用的米原器，是按照之前定义出的精确值，以通商产业省[⊖]的计量研究所为中心在国内制作生产而成的。光学部件不是很清楚，但是金属的部件都是神津精机株式会社设计和制作的。这是美国研究机关和 NASA（美国航空航天局）都会从这里采买测量仪器的公司。这里有极其高精尖的技术，因此可以保证原器所要求的精确值。

➡ 现在的米原器——碘安定化 633nmHe-Ne 激光共振器（神津精机株式会社提供）

⊖ 现在的经济产业省的前身。

第 4 章

重和轻的界限是什么?

我们身边和长度同样重要的单位是重量(质量)。在本章当中,我们会列举出千克(kg)和吨(t)、贯、匁等表示重量(质量)的单位。

重和轻的标准

kg

我们常常会说"重"和"轻"，在对重量（质量）进行比较的时候，通常会用到千克（kg）这个单位。

为了制定这个定义，最初所使用的是水。1870 年规定："1 个标准大气压，0 摄氏度（℃）时，1 立方分米（dm³）蒸馏水的质量是 1 千克（kg）"，这就是千克的定义。和长度相同，重要的单位也是非常贴近我们日常生活的，因此也使用了身边的事物来作为标准。

质量的标准"国际千克原器"，是在 1879 年于法国制造而成的。起初做了三个，最后选中其中之一，是用含 90% 铂和 10% 铱的铂铱合金制作而成的直径和高度都是 39 毫米（mm）的圆柱。为了不使其因为变质而导致质量发生变化，把它用两层的密闭容器封闭保护起来，直到 2017 年，仍然在法国巴黎郊外的赛福尔这个小镇上的 BIPM ⊖保管着。

但是，即便实施了如此严密的管理，当国际千克原器再次被测定时，我们不得不承认，它还是以一年最大 20×10^{-9} 千克（kg）的速度在增加。因此，在 2018 年的第 26 届国际计量大会上，原来的国际千克原器正式退役，用量子力学的基本常数"普朗克常数"对千克进行了重新定义。在产总研⊖，曾使用

⊖ "Bureau International des Poids et Mesures"的省略形式，被称为国际计量局。

⊜ 正式来说，是"国立研究开发法人产业技术总会研究所"（简称 AIST）。

完全均质结构的半导体材料"硅元素"，制成新的千克原器，一个球形块状体。这条信息在 2017 年 10 月 25 日的"每日新闻"被报道过。

➡ 千克原器的世代交替

之后就拜托啦！

● 旧的千克原器
出生年：1889 年（认证年）
高　度：39mm
直　径：39mm
成　分：合金（90% 铂，10% 铱）

交给我吧！

● 新的千克原器
出生年：2017 年⊖
身　高：9.4cm
成　分：半导体材料（硅元素）

⊖　新的千克原器试制品，正式采用时有可能还会发生变化。

一小勺是多重？

g，ml，floz

　　人们常说，意大利面在 1% 的盐水中煮熟是最好吃的。但是也存在着"我觉得不是，应该是 1.2%""2.5%"更好等分歧。不管怎么说，争议的都是盐水中盐的质量分数。如果在 1000g（1kg）水里，放 10g 盐，溶解沸腾之后，水蒸发掉 10g，盐水的浓度就变成了 1%。另外，把质量分数作为标准的菜有很多技巧可寻。

　　只是，每次都要计算、计量的话实在太麻烦，因此很多的菜谱在涉及液体和粉状的量时，会用"一小勺""一大勺""一杯"来表示体积。

　　像之前举出的例子一样，换算来看的话，1000g 的水就是 1000ml，也就是 200ml 的杯子 5 杯的量。如果使用的盐是粗盐的话，10g 大约 10ml，也就是 5ml 的小勺两勺的量（正好）。总结来看，也就是"5 杯水里面放 2 小勺粗盐"。如果这样给出提示的话，就很容易准备了。

　　英语菜谱中使用的工具和小勺相近的是 teaspoon（tsp），和大勺相近的是 tablespoon（tbsp）。但有趣的是，因地域和时代的不同，其定义也发生改变。

　　美国和英国比较来看的话，使用的单位都是以"质量是 1oz [⊖]（常衡盎司，大约 28.35g）的水的体积"发展而来的 floz [⊖]（液体盎司）。tsp 在美国是 $\frac{1}{6}$ US floz（美液盎司），在英国是 $\frac{1}{8}$ UK floz（英液盎司）。tbsp 在美国是 $\frac{1}{2}$ US floz，在英国是 $\frac{1}{2} \sim \frac{5}{8}$ UK floz。

　　所以，你发现了吗？首先，数值暂且不说，单位的标准量，英液盎司（约 28.41ml）和美液盎司（约 29.57ml）都是发生了变化的。

　　㊀ oz 的具体详细解释，请参照 72 页。
64 　㊁ fluid ounce（液体盎司）的简称。

　　计算来看，tsp 和 tbsp 这两个计量器比日本计量用的勺子要小，因此使用的时候基本上都会盛出冒尖的量。另外在英国，tbsp 的定义范围很广，大点的勺子也会被使用⊖。过去，"英国菜很难吃"这种说法，不会和这个有关系吧！

➡ **计量器一般所涉及的食材质量（单位：克）**

计量器 食材 （调味料）	小勺（5ml）	大勺（15ml）	量杯（200ml）
水	5	15	200
酒	5	15	200
醋	5	15	200
高汤	5	15	200
酱油	6	18	230
料酒	6	18	230
大酱	6	18	230
盐／粗盐	5	15	180
盐／精盐	6	18	240
白砂糖	3	9	130
柠檬糖	4	12	180
小麦粉／强力粉	3	9	110
面粉	3	9	110
面碱	4	12	190
淀粉	3	9	130
苏打粉	4	12	130
蚝油	6	18	240
沙拉酱	4	12	190
起酥油	4	12	160
蜂蜜	7	21	280
生奶油	5	15	200
油，黄油	7	12	18

根据食品厂家配方等的不同，质量会有差异。

⊖ 英国使用过各种各样的量勺，现在的 tablespoon 是 15ml 的，和日本的大小相同。无论在英国还是美国，标有"1tsp 5ml""1tbsp 15ml"等印记的量勺都是很普遍的。

葡萄酒的计量标准会因国家而异吗？

t，Mg

在表示比较轻的物体时，我们用克（g）这个单位。而国际单位制（SI）的重量（质量）的基本单位是千克（kg）。

比较重的物体用单位吨（t）来表示。机动车和卡车的载货量就要用吨（t）来表示，它应该是我们耳熟能详的一个单位了吧。

查找一下吨(t)的词源，会发现它是生根于生活当中的。"吨（t）"的读音"ton"或者"tonne"都是日语按照片假名读法读来的，它的词源是古来语"tunne"或者古代法语的"tonne"，这个词的本意是"酒樽"。说起法国，人们都会想到葡萄酒，葡萄酒的大酒桶里能承载的水的质量，就是1吨（t）。

也就是说，在码磅法中大约2100磅（1b）相当于1吨（t），但是，在那之后，由于以法国为中心的国家都引入了米制单位，就不得不在那之后为了迎合米制单位而设定了米吨这个单位。这就跟我们现在使用的1000千克（kg）是一样的。国际单位制（SI）中，定义了100万倍用词头"M（兆）[⊖]"来表示，所以相比吨（t），人们更推崇使用兆克（Mg）。吨（t）由于在历史上曾经被长期使用，因此虽然不是国际单位制的单位，但是使用是被认可的。

在原本使用码磅法的英国和美国，理所当然也会使用吨（t），但是各自的定义有所不同，英国的1t=22401b（约

1016kg)，叫作长吨，美国的 1t=20001b(约 907kg)，叫作短吨。这些都是码磅法中标记的"ton"，为了区别，米吨会标记为"tonne"。

"红酒在英国买会比较划算"应该不会发生吧……

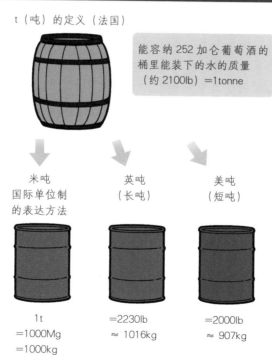

➡ 存在多个"1吨"的标准

t(吨)的定义(法国)

能容纳 252 加仑葡萄酒的桶里能装下的水的质量(约 2100lb)=1tonne

米吨
国际单位制
的表达方法

英吨
(长吨)

美吨
(短吨)

1t
=1000Mg
=1000kg

=2230lb
≈ 1016kg

=2000lb
≈ 907kg

女性衡量爱情的单位

carat，karat

也许程度上会有不同，但是，恐怕女性都多多少少会喜欢首饰，特别是宝石吧。因此，对于宝石的价格也会格外地关心。

那么，提起宝石，大概马上大家头脑中浮现出的就是钻石了吧。钻石的品质要根据加工方法（cut）、颜色（colour）、透明度[⊖]（clear）和质量（carat）这4个因素来进行综合判断。这些都是以C开头的词，因此又被称作"4C"。

这4个因素当中，加工方法、颜色、透明度都是由宝石鉴定者来鉴定和判断的，只有质量是定量测定的。克拉（carat）本来是以刺槐豆的一粒的质量为标准设定的。但是这些都是在第1章中所阐述的个别单位，测定的场所如果不一定的话，就会产生不同的结果，影响交易的顺利进行。为了统一标准，1907年，人们将1克拉（carat）定义为0.2g，自此，就一直使用这个数值。

选购宝石时还会考虑一个指标，那就是硬度。它表示"划过之后留下的痕迹的程度"，取了提案者德国的矿物学家弗里德里希·莫斯的名字来命名，因此称为莫氏硬度。

接下来，说一说和用片假名读出的质量克拉（carat）发音相同的单位还有一个karat（K）。这是表示金子纯度的单位，用24分率来表示。所以金子的纯度是100%的话，就是

⊖ 大海和湖泊的透明度，通常用m（米）这个单位来定量表达。但是宝石的透明度是叫作G.T.A的机关部门，按照这个机关的标准，有宝石坚定者使用10倍镜头来检查的，分11个阶段分出等级。

24/24，也就是 24K，金子的纯度是 75% 的话就是 18/24，也就是 18K。

→ **有代表性的宝石及其硬度**○

种类	硬度	莫氏硬度的标准物质
金刚石（钻石）	10	○
刚玉	9	○
红宝石	9	
蓝宝石	9	
猫眼石	8.5	
黄玉	8	○
绿宝石	7.5~8	
海蓝宝石	7.5~8	
电石	7~7.5	
石英	7	○
石榴石	7	
紫水晶	7	
黄水晶	7	
翡翠	6.5~7	
玛瑙	6.5~7	
橄榄石	6.5~7	
正长石	6	○
绿松石	6	
蛋白石	5.5	
磷灰石	5	
萤石	4	○
珍珠	3.5	
珊瑚	3.5	
方解石	3	○
琥珀	2.5	
石膏	2	○
滑石	1	○

○　也有人将这些修改为 15 个阶段的"修正莫氏硬度"。

日本特有的单位

尺，贯，匁（文目），分，厘，斤

在日本，直到计量法实施之前，表达长度和重量都是用尺贯法[一]。尺贯法是古代中国的发明，东亚一带都使用。这个名称是由古代以尺计量长度、以贯计量质量而来的。

贯以前也作为通用货币的单位被使用，因此，通货的时候，称为贯文，而作为质量单位使用的时候又叫作贯目[二]，以此区别分开使用。

尺贯法当中，还有匁（文目）、分、厘、斤等单位。它们存在怎样的关系呢？可以看右边这一页的图示。斤，按照计量的对象不同可以分为大和目、白目、山目等种类。明治时代的定义是，1斤=16两=160匁=600克，人们按照这个标准来使用。

现在也有斤这个单位，是吐司面包的单位，但是我不认为1斤就是600克。为此特意做了调查，结果显示，包装的吐司面包是根据《不当赠品类以及不当表示防止法》中的规定，由企业根据《公平竞争规约》中"340克以上"这一条确定的，因此专卖店出售的面包的质量多数在400~450克之间。

即使如此，有些计算的结果好像还是对不上。实际上，称量进口货的时候，使用的单位是英斤，也就是磅（lb），

[一] 在中国，使用的不是贯而是斤，因此正确的叫法应该是尺斤法，狭义上来看，是日本主要的计量单位，但从广义上来看，整个东亚都在使用。

[二] 质量单位，1贯目=100两=1000匁=3.75千克。

1lb=453.6 克，相近的单位是 120 匁（450 克）。现在大多以此为标准来计量吐司面包，所以这个与以前 600 克的"斤"有微妙的差别。这也让我认识到：任何事，都是有理由的。

➡ 用尺贯法表示质量

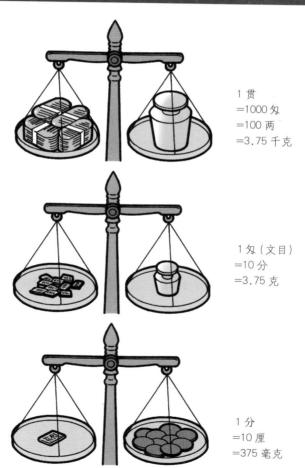

1 贯
=1000 匁
=100 两
=3.75 千克

1 匁（文目）
=10 分
=3.75 克

1 分
=10 厘
=375 毫克

以体重的 1/10 为标准的单位是什么?

磷(lb),德本,加德特,盎司(oz)

在第 3 章中,我们介绍的与运动有关的单位都由该运动的发源地而来。但是也有例外。比如保龄球的质量是用码磷法中的单位磷(lb)来表示的。但是据说保龄球起源于古埃及,而古埃及并不使用磷(lb)这个单位,而是使用德本、加德特等质量单位。德本是 91g [○],加德特是它的 1/10。

在选择保龄球的时候,人们大多会举起来试一下,觉得差不多重就可以了。其实选择保龄球时有一个质量标准,就是我们体重的 1/10。但是,日本很少有人能够用磷来马上说出自己的体重(1lb=453.59237g [○])。保龄球的质量一般用磷(lb)来表示,也就是如果体重是 70kg,那么选择 15lb 或者 16lb 的保龄球比较合适。但是我(伊藤)总觉得有点儿太重了……

说点儿其他的话题吧。比磷(lb)轻的单位是盎司,简写为 oz。这个单位在表示拳击手套的质量以及香水的质量时使用。1oz 是 28.3495231g,因此,16oz 就是 1lb,也就是说 lb 和 oz 之间的换算关系是 16 进制的,这和国际单位制(SI)中的米和千克的 10 进制比起来,使用起来不那么方便。但是,在美国等以码磷法为主流的国家,比起便利的 10 进制,他们好像更喜欢用 1/2、1/4 这样的分数来表达。

○ 90g 或者 93.3g 的说法也是存在的。由于不是现代使用的单位,因此统一说成大约 90g 会比较好吧。

○ 一般情况下使用"avoirdupois pound(常用磷)/international pound(国际磷)"。除此之外还有"特洛伊磷""药用磷""米磷"。每个的值都是不同的。

➡ 身边的英磅和盎司

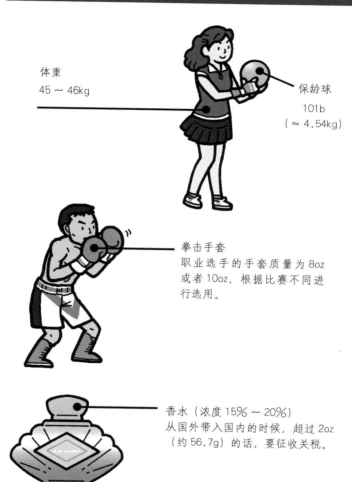

体重
45 ～ 46kg

保龄球
101b
(≈ 4.54kg)

拳击手套
职业选手的手套质量为 8oz
或者 10oz,根据比赛不同进
行选用。

香水(浓度 15% ～ 20%)
从国外带入国内的时候,超过 2oz
(约 56.7g)的话,要征收关税。

用什么单位来表示特别轻的物体

gr

我们表示量非常大的物体时经常会用到"兆""千兆"和"太"等词头，反之，表示极小的物体时我们经常用到的单位是纳米。前者在表示量特别大时使用，后者在表示物体特别小时使用，例如纳米电子[⊖]等。"兆""纳"等词头在 185 页列出，一般它们可以用来表示大小。

在测量非常轻的物体时经常使用的单位有 mg（毫克）、μg（微克）、ng（纳克）、pg（皮克）等。而在码磅法中有个单位叫作 gr（格令）。喜欢酒的人看到这个单位，估计马上就能想起威士忌。用发芽大麦为原材料酿造的威士忌，叫作"格令威士忌"，它们的词源是相同的。这个单位以生长在美索不达米亚平原上的大麦穗中的一粒种子的质量作为单位标准，1gr 是 0.06479891g（64.79891mg），它是称量非常轻的物体时使用的单位。

过去的片剂（药）的计量单位也曾经使用过它，现在专门用于称量弹药和火药的质量。以前，称量珍珠和钻石的质量时曾用过"米制格令"或者"珍珠格令"，但是现在钻石的单位统一用"carat（克拉）"，珍珠的计量单位是"匁"，转变成英语是"momme（毛美）"。珍珠的计量单位之所以世界公认为"匁（毛美）"，主要原因是 1893 年时，首次养殖珍珠成功的日本人御木本·幸吉，用"匁"来计量了珍珠的质量。

⊖　基本都略称为"纳米科技"。1974 年，原东京理科大学教授谷口纪男开始提倡这一技术，从此便扩展开来。

➡ 1000gr（格令）=1 粒大麦种子 =64.8mg（毫克）

➡ 珍珠的质量单位

英语采用"momme"来表示，发音是"毛美"。

灵魂的重量是 3/4 盎司

科学家有时候的想法是常人无法想象的。美国·马萨诸塞州的一位叫作"邓肯·麦克杜格尔"的医生（1866—1920）就产生过这样的想法。他竟然要测量灵魂的重量。他召集了 6 个患者和 15 只狗，测量并且记录了他们死后的体重变化。结果是，"人死的时候失去了一些除了正常呼吸流失的水分和蒸发的汗液之外的重量，而狗却没有这个重量的损失"。1907 年，他在学术杂志上发表了这一学说以后，《纽约时报》发表了报道，宣称灵魂的重量是 3/4 盎司（约 21g）。

对此抱着怀疑态度的一派科学家认为：刚刚死去的人呼吸停止了，血液也停止了冷却，一时间体温上升促进了发汗，这个蒸发的汗液刚好是 3/4 盎司。关于这个问题的议论一直持续了 1907 年一整年。

虽然现代科学对灵魂的重量不予肯定，但是这个命题，以喜欢超自然的脑科学和实验心理学等领域为首，直到今天仍然对小说和漫画影响深远。喜欢电影的人，也许马上就会联想到 2003 年公映的电影《21 克》吧。

过去有论证了日心说的伽利略·伽利雷，那么在 21 世纪的今天，是否有人能证明灵魂的重量是 3/4 盎司呢？

第 5 章

表示面积、容量和角度的单位

1 勺　1 合　　　　　1 坪

房地产交易过程中，土地和房屋的面积是很重要的因素。另外，汽油、煤油、酒、调味料等，使用时都需要一个准确的量。在本章中，主要介绍面积、容量和角度的单位。

丰富多彩的农家面积单位

坪, 分, 町（丁）, 反（段）, 亩, 步, 合, 勺, 公亩, 公顷

之前在 26 页的专栏中提到过,《计量法》实施以来, 原则上尺贯法就被废止了。不过, 日本的乐器和日本的建筑物、农地等, 可以按照一直以来的习惯使用尺贯法, 但是尺贯法和米制单位换算起来很不方便, 因此, 日本即便是现代也还在使用尺贯法的单位。本来, 如果擅自使用尺贯法的话是要被惩罚的, 但是 1976 年, 经过了一场"尺贯法复权运动"后, 法律的修订没有完成, 因此使用尺贯法就会被惩罚的事情就渐渐被人们淡忘了。

尺贯法对面积的表示会根据对象的不同而变化。一般来讲, 土地的面积基本用坪或者分来表示。田地和山林的面积用町（丁）、反（段）、亩、坪或者步来表示, 住宅和房屋的面积用坪、合和勺来表示。

具体来说, 可以参考右边这页的插图。10 进制和 30 进制掺杂在一起, 计算的时候稍有不便, 但是他们都是深深地扎根在生活中的单位。

1 反（段）又叫作 1 石, 是米谷类计量产量的标准。计算的时候, 1 反（段）就是 1 石, 但是这只是个标准, 随着气候和土地的质量的变化, 米谷的产量也会发生变化, 有时候 1 反（段）可以收成 2 石以上的米谷。

上面说到的面积单位也可以用公认的与国际单位制（SI）并用的非国际单位制单位公顷（ha）来表示。1 公顷（ha）是 10000 平方米（m^2）, 1 公亩是公顷的 1/100, 也就是 $100m^2$。

➡ 田地和山林的面积表达

※ "正好1町"的时候叫作"1町步", "正好2町3反"叫作"2町3反步", 像这样, 要加"步"字来进行表达。

1 町（丁）≈ 10 反 ≈ 9917.4m^2

1 反（段）=1 石 ≈ 10 亩 ≈ 991.74m^2

1 亩 ≈ 30 坪 ≈ 99.174m^2

1 坪 ≈ 1 步 ≈ 3.3058m^2

➡ 住宅和房屋的面积表达

1 坪 ≈ 1 步 ≈ 10 合 ≈ 3.3058m^2

1 合 ≈ 10 勺 ≈ 0.33058m^2

1 勺 ≈ 0.033058m^2

➡ 公认的与国际单位制（SI）并用的非国际单位制单位

1 公亩 =100m^2（边长是 10m 的正方形的面积）

1 公顷 =100 公亩 =10000m^2（边长是 100m 的正方形面积）

码磅法中的面积单位

m², ac

前面我们介绍了尺贯法中表示面积的单位，由于源于生活，因此比较直观也容易理解，但是不能通用。因此，想要灵活地运用尺贯法中的单位，还需要积累一些生活经验。

在使用国际单位制（SI）的"平方米（m²）"的时候，可以理解为"长度与宽度相乘就是面积"，显得更明快也容易计算一些。这是因为使用了第 1 章中提到的组合单位。

第 3 章中已经介绍了码磅法中的长度单位，也有表示面积的单位，其中一个是英亩（ac）。1 英亩（ac）是边长 208.71 英尺（ft）的正方形的面积，相当于 0.4 公顷（ha）。这对于已经习惯了使用国际单位制（SI）的我们来说，即便是有 46~49 页的码磅法来对照，也还是很难想象到底是多大的面积。

另外，英亩（ac）的定义是"一个人牵着两头牛，用牛鞅拉着犁，一天能耕种的面积。"这不是一个精确的单位。另外，英国和美国对码磅法的定义是不同的，美国还存在"国际英亩"和"测量英亩"这样的单位，这对于日本人来说，就更是难以使用的单位了。

了解了"英亩（ac）"这个单位以后，会觉得国际单位制（SI）中的单位非常合理而且计算起来也十分容易。但是比起码磅法，我觉得尺贯法中的单位更容易理解一些，这可能是个人原因（作者伊藤是日本人）。

➡ 用亩表达面积

● 1 英亩（ac）就是一个人牵着两头牛，用牛鞅拉着犁，
　一天能耕种的面积

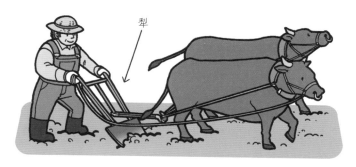

犁

● 美国《宅地法》中规定的宅地

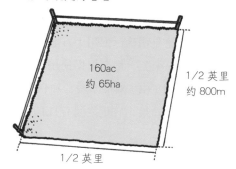

160ac
约 65ha

1/2 英里
约 800m

1/2 英里

《宅地法》于 1862 年制定，1988 年 5 月被废除了。

人们最在意的汽油的价格以及不那么在乎的原油的单位

barrel，gallon，L

　　日本能够作为能量来使用的天然资源非常贫乏，原油的价格对于产业以及经济的影响非常大。原油的单位据报纸和新闻的报道，单位是桶（barrel）。词源就是"（储藏酒类使用的）酒樽"，如果用这个单位表达大量的液体，我们很容易推测出是多少，但是如果用码磅法来表示的话，也许因为是我们在日常生活中接触比较少的原因吧，很难进行推测。1桶（barrel）用于石油计量时，是42US Fluid gallon［美加仑（液）⊖］，用国际单位制（SI）的并用单位来表示的话大约相当于159L（升）。不过，无论是明确标记用于石油的"桶（barrel）"，还是"加仑（gallon）"，都会根据使用的目的不同而有很多标准。与国际单位制（SI）对照来看，加仑（gallon）的范围为3.5~4.5L，最大容量和最小容量之间有1L的出入，误差实在是很大呀！

　　在码磅法中使用的加仑（gallon），在英国使用时，根据地域和检测对象的不同而不同，即便是19世纪的时候被统一过一次，也还是留下了三种标准。在那之后，美国一边沿袭使用这三种标准，一边又制定出其他的标准，而且一直使用至今。

　　在交易过程中，有多个单位标准是十分不方便的。但是一直沿袭使用的话，也许就会习以为常。

　　⊖　写作"美加仑（US gal/USG）"时，指的也是这个。

　　另外，在日本国内一般以 1 升（L）为单位贩卖的饮料，在冲绳却是以 946mL 为单位的[⊖]。这相当于 1/4 加仑（gallon），也叫作"guarter gallon"。

➡ barrel（桶）和 gallon（加仑）的关系

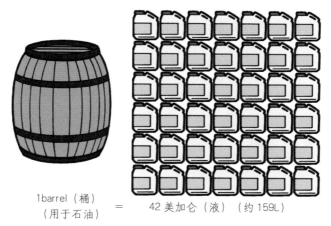

1barrel（桶）
（用于石油）　＝　42 美加仑（液）　（约 159L）

➡ 各种各样的 gallon（加仑）

美加仑（液）　　　美加仑（干）　　　英加仑

约 3.8L　　　　　约 4.4L　　　　　约 4.5L

除此之外，还有"红酒加仑""玉米加仑"等单位，由于它们各自的值不一样，再加上英国和美国的定义也不一样，现在一般不怎么使用了。

⊖　这是冲绳出生的朋友告诉我的。大概是二战后直到 1972 年冲绳都在美国军队的政权掌控下的影响吧。

日式料理的容量单位

升瓶，合，勺，斗，石

现在，日本的酒和酱油总是会被包装成纸盒或者塑料瓶出售。但是以前人们都是使用玻璃瓶的，叫作 1 升瓶或者 4 合瓶，容量分别是 1.8039L 和 0.72156L。

这是尺贯法用来表示体积的单位，是日本独特的单位，即使是使用尺贯法的其他东亚诸国也是没有的。

尺贯法的体积单位和 78 页曾经叙述过的面积单位相同，都有很多个。但是由于都是 10 进制的，和面积单位比较起来显得更容易使用。

所谓 1 合，指的是在居酒屋这样喝酒的地方用来计量酒的单位，1 合相当于 10 勺。1 升瓶相当于 10 合，1 斗相当于 10 升瓶。批发用的溶剂和洗涤剂等的容器容量都是 1 斗，是不是很容易联想出来。

现在，人们都选择轻便的容器来盛装灯油。搬运和保存用的容器基本都是塑料壶，正好是 1 斗的容量。其实，灯油用的塑料壶，为了防止紫外线的照射而使其内部的灯油劣质化，都会使用不透明的着色过的壶，这在东日本主流颜色是红色，而西日本的主流颜色是蓝色。

另外，10 斗就是 1 石。1 石大米，是 1 个成年人 1 年需要消耗的米量。1 合是一顿饭（一碗饭）需要的米量，单纯计算的话，只够 10 个月的量，但是小麦、小米和稗子等其他谷物也会偶尔吃一些，大概就是 1 年的量了。

➡ 尺贯法的各种体积单位

1 石 =10 斗 ≈ 180.39 升

1 斗 =10 升瓶 ≈ 18.039 升

1 升瓶 =10 合 ≈ 1.8039 升

1 合 =10 勺 ≈ 0.18039 升

汽车的排量是多少?

cc，cm^3，L，cu.in.

汽车分很多种，一般按用途可分为私家车和商务用车，但是，最标准的分类方法，应该是按照排量来分，这也是征税的标准。

这里提到的排量，是指"发动机每行程或每循环吸入或排出的流体体积"，也就是发动机的工作容积。日本国内惯用的单位是立方厘米（cc），这个单位不是国际单位制（SI）单位，因此在《计量法》中规定，交易的时候是不允许使用的。一般使用的单位是立方厘米（cm^3）。其实 cc 是"cubic centimetre（立方厘米）"的简写，只是作为单位的标记符号不一样，其实意思是一样的。

另外，排量也有用"L（升）"表示的情况。排量是 1000cm^3 左右的汽车通常叫作"小排量汽车"，这种汽车的排量就可以用 L（升）这个单位来表示。L（升）虽然不是国际单位制（SI）单位，但是允许使用。

在使用码磅法的美国，其早期制造的汽车还有标注"cu.in.（立方英寸）"的。这对于日本人来说可能很难马上明白，但是 1in（英寸）可以换算成 2.54cm，用这个换算公式就可以和国产车进行对比了。

与汽车的相关单位还有"马力"，这在第 7 章会进行解释说明。

➡ 汽车排量的单位

大型汽车的发动机

5999cc
=5999cm³
≈ 6L

小型汽车的发动机

659cc
=659cm³
≈ 0.66L

吹风机的排量

XXXcc
这也不是排量呀!
而且跟性能好像
也没什么关系……

角度的单位

度，分，秒，gon，grade

听到度、分、秒这样的单位，你会联想到什么？很多人都会想到温度和时间吧。但是，这三个单位却是表示角度的单位。小学生和中学生用来测量长度的直尺、三角尺还有量角器可以说是尺中的三种神器吧。这其中，量角器是测量角度的工具。

一般来讲，量角器是把圆分成 360 等分以后，每个等分表示 1 度。如果进行更加严格的测量，又会用到把 1 度分成 60 等分的分，以及把 1 分分成 60 等分的秒。角度单位和时间一样采用 60 进制〇。另外，取这些单位的英文单词"degree""minute""second"的首字母，就可以略称为"DMS"。它们分别又可以用度（°）、分（′）、秒（″）这样的符号来进行表示，这也和时间是一样的。

分和秒先放一边，我们在表达角度的时候，通常会说多少多少度。但是，让我们意外的是，它并不是国际单位制（SI）单位，而是国际单位制（SI）的并用单位〇。用来表示角度的国际单位制（SI）单位在下一节当中会具体阐述。

现在看一下量角器吧。一般带用的是可以用来测量 180 度的半圆形的量角器（半角器），其实也存在能够测量 360 度的全角量角器。只是我（伊藤）没有见过这种量角器的实物。

〇　度、分、秒不是国际单位制（SI）单位，表示角度的 10 进制单位有 gon，1gon 是直角（90 度）的 1%。与之相似的还有"梯度"的单位 grade。

〇　国际单位制(SI)的并用单位就是与国际单位制(SI)单位可以共通使用的单位。

88

➡ 测量角度的各种仪器

常用的半圆形量角器

制图等专业领域使用的
全角量角器

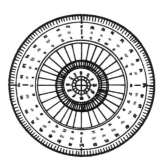

测量等专业的工作中
使用的经纬仪

制作圆形表格的时候很便于
使用的比例量角器

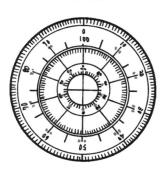

切蛋糕时会用到的单位?

rad，sr，台，切（块），号，本

生日蛋糕是圆柱形的，能够正确地切分蛋糕的单位是弧度（rad）。这是以米（m）为基础的组合单位，在表示平面角度时使用。

实际上，在平面圆中，中心角和相对的弧线的长度是成比例的。因此用线围着蛋糕的圆周绕一圈后取下来，按照人数把线分成若干段做好标记，然后再一次绕上去，按照刚才的标记在蛋糕上也做好标记，沿着标记切蛋糕就可以平分了。

如果要计算这些角度，就要用到弧度（rad）这个单位了。1rad 表示弧线的长度和半径的长度相等时对应的中心角。和前面提到的用度、分、秒表示角度不同，这次用弧度表示角度。另外，在表示圆锥那样的立体角时，使用的单位是球面度（sr）。1sr 表示面积为球体半径平方的球表面对应的球心的张角。

话说回来，在日本这个国家，按人数来提前分好蛋糕再进行分配是很常见的，但是在挪威，蛋糕不会提前都分开，而是传到谁的面前，谁就自己切一块。这也许是更合理的方法吧。

你知道蛋糕的单位⊖吗？圆筒形的生日蛋糕所用的单位是"台"，切好的叫作"切"或者"块"⊜，而 1 台的大小用"号"来表示。在计量蛋糕卷或者按磅出售的蛋糕时，我们使用的单位是"本"。

⊖ 这不是正确的单位，只是"计数方法"。

⊜ 也有用"个"来表示的。

➡ 弧度（rad）和球面度（sr）

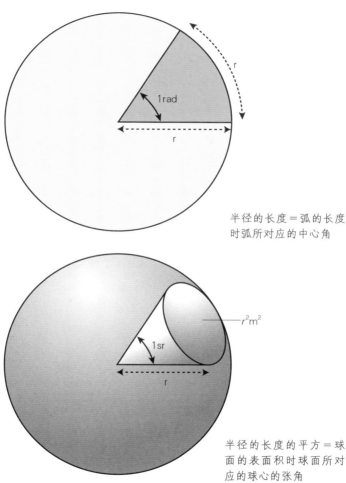

半径的长度＝弧的长度
时弧所对应的中心角

半径的长度的平方＝球
面的表面积时球面所对
应的球心的张角

sr 是测量光等放射束时使用的单位。

只有在日本才能用到的单位——东京球场

在日本，当表示特别宽敞或者特别大型的东西时，通常会有"几个东京球场那么大"这种表达方式。日本人很容易理解，但它却不是国际单位制（SI）单位。

当然，对于非常宽广的土地和具有极大容积的东西，你也可以用数值来表示它们的大小，但是却很难让人想象出它们的实际大小。因此，日本人常常使用众所周知的"东京球场"，它是日本第一座圆顶型球场（建筑面积：46.755 平方米，容积：约 124 万立方米）。把它作为比较的标准"1"，就很容易让大家对描述对象的大小和容积有个直观的印象。

也许有很多人没有进过那里，但是，因为是棒球场，所以，大家大致能知道它的大小。另外，作为一个圆顶型的球场，它不仅可以比较面积，还可以比较体积。比较遗憾的是外国人理解起来比较困难。

➡ 也许外国人无法理解

第 6 章

现代人比较关心的
时间和速度的单位

日常生活中，完全不用在意时间的日子几乎是没有的吧。早上几点起床？班车是几点的？工作几点开始？等等。在本章中，主要来谈谈时间和速度的单位，这是大家不得不去关注的单位。

你的钟表准吗？

JST，UTC，GMT

现在，离你最近的表，显示的时间准吗？

电子表和智能手机的时钟显示的时间应该是准的，现在这个社会真的是非常方便呀！

但是，如果你身边既没有电子表，也没有智能手机，只能凭自己的力量校准时间，你要怎么做呢？看电视里面显示的时间还是打电话给117询问呢。那么，这些地方的时间为什么就是准确的呢。原因很简单，它们的时间是日本标准时（JST）。

所谓日本标准时，指的是按照国际上规定的秒的定义[一]，使用"铯原子钟"和"氢微波激射器周波数标准器"共同测算制定的。为了制定精准的时间，要把18台铯原子钟的时间平均并合成，然后用标准电波将日本标准时送达日本的各个角落。电视台和电话局提供相关服务的主钟，显示的也是这个标准电波传送的时间，这样就可以校准日本标准时了。电子表也可以接受这种电波，所以理所当然的也就和日本标准时保持一致了。

那么，问题来了，世界标准时是什么样的标准呢？答案是协调世界时（UTC）。过去曾经使用过格林尼治平均时（GMT），现在是把格林尼治平均时人工调整之后作为协调世界时。据说，格林尼治平均时和协调世界时在100年间相差18秒。

[一] 详细解释请参照59页。

1884 年，第一次制定了世界标准时，以通过英国格林尼治的子午线[⊖]（零度经线）为标准，制作了海图和地图。为此，格林尼治时间成了世界标准时。日本在东经 135 度的位置，距离格林尼治平均时间相差 9 个小时。

➡ 协调世界时的调整

上次的闰秒是在 2017 年 1 月 1 日

日本时间→8 点 59 分 59 秒

⬇

8 点 59 分 60 秒　闰秒

⬇

9 点 00 分 00 秒

到 2017 年为止，进行过 27 次闰秒的调整，都是插入 1 秒。

2017 年 1 月 1 日，2015 年 7 月 1 日，2012 年 7 月 1 日

2009 年 1 月 1 日，2006 年 1 月 1 日，1999 年 1 月 1 日

⊖ 子午线是通过某地点的北极和南极两点的连线。在中国，北方的角叫作子，南方的角叫作午，因此称为子午线。

95

一年有 365 天零 6 小时吗?

儒略历，太阳历（公历），太阴历

通常我们说"一年有 365 天"，但是你知道吗，这句话并不准确，因为有"闰年"的存在。

基本上，一年就是地球绕着太阳转一周的时间，简单说就是地球公转的周期。

公元前 46 年，儒略·凯撒制定出了儒略历，它规定一年是 365 天零 6 小时，每 4 年一次闰年。在当时看来，这已经是非常准确的日历了，而实际上，每四年就会出现 44 分钟的误差。

在那之后，1582 年公历制定完成，直到现在仍在进行的闰年的计算方法就是从那时开始的。闰年是"能被 4 整除但是不能被 100 整除的年份"^一。闰年有 366 天，所以一年平均起来就是 365.2422 天（365 天和约 5.8138 小时）。

公元前 8 年以后，每个月的天数就一直跟现在一样，1 月、3 月、5 月、7 月、8 月、10 月、12 月都有 31 天，而 4 月、6 月、9 月、11 月有 30 天，2 月平年的时候是 28 天，闰年则是 29 天。

日本在 1872 年的时候，废止了之前一直使用的太阴历，开始使用太阳历了。在那之前，使用了上千年的太阴历，可以根据月缺月圆来判断一个月内的大概时间，虽说很方便，但是每年都会有一些误差，两三年就会出现一次闰月，一年有的时候甚至会出现一个月的时间误差，真是太粗略了。

一　这里提到的"年"，是指公历年，即通常所说的阳历年。

➡ 儒略历的一天是从正午开始的

比眨眼还短的时间用什么单位表示？

ms，μs，ns

　　国际单位制（SI）中的单位"秒"是所有时间单位的标准。正如你所知，60 秒是 1 分，60 分是 1 小时，24 小时是 1 天。

　　但秒不是最小的时间单位，存在比 1 秒更短的时间。在我们如今的生活当中不可或缺的电脑的内部，存在人类无法模仿的在极其短暂的时间内进行的动作。比如说，从硬盘读取数据的磁头，它的运行时间是以毫秒（ms）来计算的。1 毫秒（ms）是 1 秒的千分之一，所以磁头的运行速度多么快啊！但是，还有比这更令人吃惊的，在电脑的内部，处理器的运行速度比磁头还要快。1 毫秒（ms）的千分之一的微秒（μs）和更甚之的 1μs 的千分之一的纳秒（ns）等时间单位也是存在的。这么短的时间简直无法想象。

　　人类无法达到电脑内部运行的速度，这是没有办法的事情。在体育竞技时，千分之一秒也会派上用场。比如说，冬天的运动速滑等竞技项目，显示的时间是百分之一秒，无舵雪橇和雪橇的时速约为 120km，像这样的竞技项目就要用千分之一秒，也就是毫秒来计测了。

　　世界一级方程式锦标赛（F1）也用千分之一秒来计测。那么具体怎样计测呢？其实在赛车里面有个叫作脉冲转发器的装置，这个装置搭载的位置在冲过计测线的瞬间，时间就会被记录下来。1997 年的欧洲 GP 的预选赛中，第 1 名和第 3 名的冲刺时间正好相差了千分之一秒。以这样的速度奔跑，千分之一秒的程度几乎就是同一时间。如果用千分之一秒还是不足以计测的话，更小的单位应该也会使用吧，这样的话，人类的感觉就更加跟不上了。

➡ 一眨眼的功夫

无意识状态下的眨眼一次大概需要0.3秒（300ms）的时间。

来啦来啦！

哎？已经跑那么远了？！

F1历史上最快的顶级速度是372.6km/h。因此，一眨眼的功夫（300ms）就跑出31m以上的距离了！

实际上，我没有眨眼，一直盯着看的呢。

要多快的速度才能离开地球飞向宇宙？

km/h，节，海里

第 1 章中介绍过，速度是"距离 ÷ 时间"得到的。速度的单位由此产生。时速就是 1 个小时能行进的距离，用千米 / 小时（km/h）来表示。

人造卫星绕着地球一周一周地运行，在距离地球 200km 的高度运行速度是每秒 7.9km。用这个速度绕地球一周所需要的时间大约是一个半小时，这个速度叫作第一宇宙速度。气象卫星向日葵等都被叫作静止卫星，这是因为在地球上观测的时候它们是静止的。也就是说，它们和地球以同样的速度旋转着。地球自转一周需要 23 小时 56 分 4 秒，对应的时速就是 3.08km。据说，要使这个速度成为可能，必须运行在赤道上空 35.786km 的位置才可以。由于高度很高，所以即便是速度稍慢一些，也可以和地球的引力保持平衡。

那么要飞往宇宙，需要多快的速度呢？要摆脱地球的引力，据说需要秒速 11.2km 才可以。这个速度叫作第二宇宙速度。要飞出太阳系，需要秒速 16.7km，这个速度叫作第三宇宙速度。

那么，再次回到地球的话题上来，这次我们来看看地球上的速度单位。陆地上交通工具的移动速度，最常使用的单位是 km/h。水上交通工具的移动速度用节来表示，1 节表示 1 小时行进 1 海里（1.825km）。这个速度还是相当慢的。

节在英语中是"knot"，是打结、绳结的意思，据说是按一定的时间间隔在船上系上绳索测量船的速度而来。

➡ 宇宙飞船速度对比

发射年	名称	速度
1957 年	人造地球卫星 人类最早的人造卫星（苏联）	8km/s（平均）
1973 年	太空实验室 宇宙空间站（NASA）	7.77km/s（轨道）
1977 年	航海家 1 号 无人宇宙探测器（NASA）	62.140km/h（最快） 17.0km/s（平均）
1977 年	航海家 2 号 无人宇宙探测器（NASA）	57.890km/h（最快） 15.4km/s（平均）
1986 年	和平号空间站 轨道空间站（苏联）	27.700km/h（最快） 7.69km/s（轨道）
1989 年	伽利略号 木星探测器（NASA）	173.800km/h（最快） 48km（轨道）
2003 年	隼鸟号 小行星探测器（ISAS，现为 JAXA）	30km/s（平均）
2011 年	朱诺号 木星探测器（NASA）	265.000km/h（最快） 0.17km/s（轨道）
2011 年[①]	国际空间站 太空实验室（共 16 个国家）	27.600km/h（最快） 7.66km/s（轨道）

① 1999 年在空中组装，2011 年完成。

探测器
11.2km/s 以上

人造卫星 7.9km/s
（高度 200km 的时候）

速度也是各种各样的啊！

通过转速可以知道什么？

rpm，rps

与时间和速度相关的单位还有转速（旋转速度）。表示在一定的时间内旋转的次数。1分钟之内旋转的次数叫作"rpm（Revolutions Per Minute）"，1秒钟之内旋转的次数叫作"rps（Revolutions Per Second）"。电脑里的硬盘和机动车的发动机等的转速，一般会用"rpm"来表示。

汽车和摩托车上有个转速表，可以看到发动机的转速。最开始的时候，汽车没有转速表，驾驶员凭感觉驾驶。现在的机动车，基本上都有转速表。

竞技运动进行数据分析是必然的。比如棒球运动，需要分析安打率和安打数、出垒率等，而且球速（投手们的投球速度）要同时显示在屏幕上。美国的职业棒球大联盟联赛，2015年开始导入了运动员追踪系统，瞬时就可以进行各种各样的计测，比如击球员的挥棒速度和角度、击球方向等。对于投手来说，球速自然很重要，但球离手的位置和球的转速也很重要。而且，任何人都能够在3D影像中看到这些数据。

顺便提一下，投手投的球各种各样，但并不是转速越快越好，有时候，还会故意地减慢转速。

那么投手投的球转速大概是多少呢？对于曲线球，2016年美国职业棒球大联盟联赛第一名的成绩是3498rpm，平均是2473rpm。1分钟内旋转3498次，也就是1秒钟旋转58.3次。这样计算来看，真的是超乎想象的转速了。

➡ **转速测量转速**

中世纪的钟表盘只有一根指针

最原始的时钟是日晷，在公元前 3000 多年就开始使用了。那之后，又出现了水漏计时和沙漏计时，还有把东西燃烧掉用来计算时间的燃烧时钟，如火绳时钟、蜡烛时钟、煤油灯时钟、线香时钟等。欧洲的机械式钟表被制作于 13 世纪末，由 24 等分的表盘和指针组成，当时的指针相当于现在的时针。但是，当时的时钟并不是什么地方都有，只有特定寺院的塔楼才设置一台。那时的人生活悠闲自在，也不在意时间是否准确，普通的百姓都是从每天做礼拜时传来的钟声来判断时间。

➡ 日期表示示例

1500 年左右，德国人彼得·亨莱因发明了发条。在那之前的机械时钟，都是靠大锤的力量来拨动的，因为重量实在太大，想要携带是不可能的。发条被发明以后，小的时钟也就随之产生了。

另外，时钟的顺时针是右转，完全是由北半球的日晷上木棒的影子是向右转而定的。

第 7 章

与能量有关的单位

我们的生存需要各种能量。本章中，将介绍各种各样的能量单位。

是瓦特发明了蒸汽机吗?

kW, W, J

在看汽车或摩托车商品目录时，经常能看到叫作最高输出功率的项目，写着"353kW（480ps）/6400rpm"。其中的"kW（千瓦）"是功率的单位（353kW 就是 353000W）。

一看到"W（瓦特）"，会有很多人觉得"这不是电力的单位吗？"，人们所说的电力，其实是指电功率，这里 1W（瓦特）是指电流 1 秒的时间消耗 1 焦耳的电能。作为国际单位制的功率单位，1W（瓦特）表示物体 1 秒的时间所做的功为 1 焦耳（J）。

W（瓦特）这个单位是后来才加入国际单位制的。它是根据蒸汽机的发明者詹姆斯·瓦特的名字而命名的单位，这件事已经是家喻户晓了吧。

其实，蒸汽机本体的发明者并不是瓦特。蒸汽机这种机器本身是早就存在的。在瓦特改良蒸汽机之前，有好多人尝试着将其改良为商用蒸汽机。但是，这些蒸汽机效率都非常低，想要运行一次，需要耗费很多的煤炭[⊖]。而瓦特经过 20 年左右的努力，实现了完成同样的工作量，只需要消耗之前 1/3 的煤炭。

另外，瓦特将活塞的往复运动改成了圆周运动，这使得功率得到了飞跃性的提升，蒸汽机也因此在各种各样的领域应用。

⊖ 矿山排水用的蒸汽机，使用量是挖出量的 1/3。

所以，人们说"蒸汽机是瓦特发明的"，但其实，他是实用型
蒸汽机的发明者。人们为了纪念他的伟大贡献，把功率的单位
定为"W（瓦特）"。

➡ 瓦特的各种发明

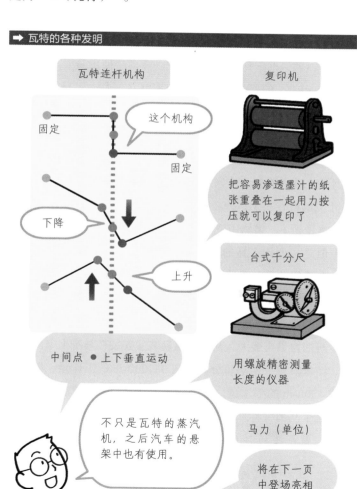

英国的马力气都很大吗？

马力，ft-lb，hp

如果你是汽车或摩托车的爱好者，应该对"马力"这个词不陌生。即便不感兴趣的人，也应该在哪里[⊖]听过这个词吧。在日本，表达汽车和摩托车的输出功率时会使用马力。从 1999 年开始，国际单位制（SI）规定使用 W（瓦特），马力也可以同时使用。106 页提到的最高输出功率的括号中的 480ps 使用的单位就是马力。

1 马力到底是指多大的功率呢？1 马力指的是 1 秒钟内将75 千克的重物在竖直方向上提高 1 米所需要的功率。也就是说，75 千克的杠铃在 1 秒钟之内举高 1 米？！这对于人类来说实在是太难做到了，果然还是马的力气比较大啊！

但是，为什么马的力量会成为单位呢？其实最早提出马力这个单位的人，就是刚才我们介绍的那位詹姆斯·瓦特。他为了表示自己发明的蒸汽机到底有多大的力量，就使用了当时最原始的动力源——马，以其作为标准来测量。这就需要调查清楚马的力量有多大。瓦特把驱动装置安装在马身上来测试功率。结果发现一匹马每分钟完成 33000ft-lb 的工作量，即每秒完成 550ft-lb 的工作量，这个就是 1 马力。用码磅法来计算的话，这个马力又称作英马力（hp）[⊜]，之后又把其换算为米制单位，就是法马力（ps）[⊜]。hp 和 ps 换算成 W 的话，1hp 是

⊖　"铁臂阿童木"的主题歌等。

⊜　"horse power"的省略。

⊜　"pferde starke"的省略。在德语中，"prerde"是马，"starke"是力量。

745.7W，1ps 是 735.5W，只存在这种微妙的差距。为什么会有这样的差距呢？因为把 550ft-lb/s（英尺磅 / 秒）换算成米制单位时，约为 76.040225kgf·m/s（千克力·米 / 秒），为了让这个数字整齐、容易看，就变成了 75kgf·m/s。英国的马比较有力气这种说法只是玩笑话。日本使用米制单位，因此马力这个单位我们常常使用 ps。

➡ **看看各种各样的马力吧**

只提到马力的话也不能了解到性能啊！

类别	车的名称	概要	最高输出功率
载客	日产（GT-R LM NISMO）	赛车	600ps
	本田 "NSX" 第二代 NC1 型	运动型车	507ps
	雷克塞斯 "LG"	丰田汽车中的高级车	477ps
载货	五十铃（吉） 6UZ1-TCS 搭载车	20 吨位级大型卡车	380ps
	三菱扶桑 "supergreat" 6R20 （T3）搭载车	10 吨位级大型卡车	428ps
农用	洋马 "YT5113"	曾因为设计引起热议的轮式拖拉机[①]	113ps
	久保田 "GENEST" M135GE	第四次排气规制的对应产品轮式拖拉机	135ps
	井关 "BIG-T7726"	装载大排气量发动机的轮式拖拉机	258.5ps
摩托车	川崎 "Ninja H2"	用于赛车的大型自动二轮车	205ps
	雅马哈 "YZF-R1"（2015 版）	超级运动型大型自动二轮车（摩托车）	200ps
	铃木 "GSX-R1000R"	超级运动型大型自动二轮车（摩托车）	197ps

① 轮式拖拉机是为了和履带拖拉机区分开所以才这样命名的。

焦耳是工作能人？

J，N，erg

国际单位制（SI）里面的功和能量有一个单位是焦耳（J）。1焦耳（J）表示"用1牛顿（N）的力量把物体移动1米（m）时所做的功"。也许有很多人会说"这样说还是不够明白，到底是指多少呢？"，或者会有"还是无法想象"这样的反应。那么举个例子来看一下吧。

比如说现在我们面前有一个比较小的苹果，质量是100克（g）左右[一]。把这个苹果举起1米（m）的高度，所做的功就是1J。在106页我们曾讲解过"1瓦特（W）表示物体1秒的时间所做的功是1焦耳（J）"，也就是说，1秒的时间把苹果举起1米（m）的高度，功率就是1瓦特（W）。顺便说一下，我们平时日常生活中使用的5号电池，一节的电量大约为8000焦耳（J）。

焦耳（J）和瓦特（W）一样，都是由人名命名的单位。说到焦耳（J）的定义时我们会提到牛顿（N），牛顿（N）也是由人名命名的单位。它们之间有以下的关系：

$$1J=1N \cdot m=1kg \cdot m^2/s^2$$

单位 $kg \cdot m^2/s^2$ 真是又长又不好记忆。因此，就以焦耳（J）来表示。"焦耳"这个名字来源于因焦耳－楞次定律而知名的英国物理学家詹姆斯·焦耳。有关牛顿的故事，将会在第10章

[一] 数值约为102。

介绍。

除了焦耳（J）以外，能量单位还有尔格（erg）。但是，尔格（erg）并不是国际单位制（SI）单位，换算成焦耳（J）的话，1 尔格（erg）就是 1 焦耳（J）的一千万分之一。

➡ 焦耳热是什么？

可以用卡路里计算粮食自给率

cal，kcal

在食品的包装袋，或者个别餐馆的菜单上，都可以看到卡路里的字样。一旦映入眼帘，就会相当介意，这样的人一定不少吧。实际上卡路里（cal）这个单位，是国际上呼吁尽量不要使用的单位。

日本的《计量法》中，在1999年10月以后，也对卡路里（cal）的用途进行了限定。1卡路里（cal）就是标准大气压下，1克（g）的水升高1摄氏度（℃）所需的热量。国际单位制（SI）中的热量单位是焦耳（J），因此国际上会强调尽量使用焦耳（J）这个单位。严格来说，水的温度上升所必需的热量是会发生变化的，因此标准的卡路里（cal）是14.5℃的水上升到15.5℃所需要的热量，标准的1cal是4.185J。

但是，我也曾经听说过，"日本的粮食自给率下降了"。为什么这样说呢？原因就是粮食的自给率是使用卡路里这个单位来计算的。每人每天的国产供给热量除以每人每天所需的供给热量，就可以算出来粮食自给率。例如，2016年每人每天的国产供给热量是913kcal，每人每天所需的供给热量是2429kcal，因此913÷2429，就得出粮食自给率是38%。

农林水产省的公开数据表明，1961年日本的粮食自给率是70%，比现在要高。每隔20年的数据对比可见，1981年52%，2001年40%，确实是年年都在降低。再看一下外国的数据，粮食自给率比较高的是澳大利亚，1961年是204%，之后也出现过变化，却没有像日本这样每况愈下。再看加拿大，1961 年是 102%，之后就开始逐年增加了，2011 年竟然达到了 258%，超过了澳大利亚。

顺便提一下，粮食自给率还有一个计算方法是使用生产总额来计算，即粮食的国内生产总额除以国内消费目标额⊖。例如 2016 年度，国内生产总额是 10.9 兆日元，国内消费目标额是 16.0 兆日元，因此计算结果就是 68%。

➡ 来看一下都道府县的粮食自给率吧

2015 年度概算值（单位：%）

	卡路里算法		生产总额算法	
第 1 位	北海道	221	宫崎县	287
第 2 位	秋田县	196	鹿儿岛县	258
第 3 位	山形县	142	青森县	233
第 4 位	青森县	124	北海道	212
第 5 位	岩手县	110	岩手县	181
⋮	⋮	⋮	⋮	⋮
第 43 位	爱知县	12	奈良县	22
第 44 位	埼玉县	10	埼玉县	21
第 45 位	神奈川县	2	神奈川县	13
第 46 位	大阪府	2	大阪府	5
第 47 位	京都	1	京都	3
	全国平均	39	全国平均	66

出处："都道府县各地的粮食自给率（卡路里算法，生产额算法）"（农林水产省）

2017 年，北海道十胜地区的粮食自给是超过了 1200%！（卡路里算法）

⊖ 国内市场一年上市的全国粮食的总额。是由"国内生产总额＋输入额－输出额－在库增加额"计算而来的。

生产电能的发电站

W，Wh，kWh

电是我们的生活不能缺少的东西之一。发电站或者发电机所生产的电能，由每小时的发电量（单位是瓦，符号是 W）来表示。例如，100 瓦（W）的发电机，运行 5 小时的发电量是500 瓦时（Wh）。在日本，每年的总发电量，2014 年的数据显示，水力发电约 870 亿千瓦时（kWh）〇，火力发电约 9550 亿千瓦时，风力发电约 50 亿千瓦时，太阳能发电约 38 亿千瓦时，地热发电约 26 亿千瓦时。2014 年度，核电站没有运行。

在这个世界上，有各种各样的发电站，它们各有所长各有所短。例如，水力发电的长处是它利用水位落差来发电，既不排放二氧化碳，又容易调节发电量。但是，它的短处是，建造大坝需要的初期费用很高，也会对大自然造成一定程度的破坏。

再看火力发电，它可以大量发电，而且发电量的调节也相对简单，但是，会排放二氧化碳。而且日本的燃料基本上都是靠进口的。2011 年，东日本大地震发生的前一年，火力发电占总发电量大约 6 成。但是，由于震灾之后，核电站都停止运行，2014 年，火力发电竟然占总发电量的 9 成。因为这个原因，与2010 年相比，2014 年的二氧化碳排放量增加了 20%。

核力发电可以用很少的燃料来生产大量的电能，发电时也不会排放二氧化碳，但是福岛的核辐射事故之后，产生了很多

〇　1kWh=1000Wh。

放射性废弃物，它的处理和安全性令人很担心。

　　风力发电呢，既不会排放二氧化碳，也不需要燃料，但是如果风力变弱了，就无法发电了，这是致命伤。

　　太阳能发电也不会排放二氧化碳，但是，如果要大量发电，就需要广阔的土地资源，而且夜晚和下雨天也无法发电。

　　无论是哪种发电方法，都是有所长有所短的。如果有不使用燃料、不排放二氧化碳、安全又能大量发电的方法就好了。

➡ 世界各国的用电量

2014 年每人的用电量（单位：kWh/ 人 · 年）

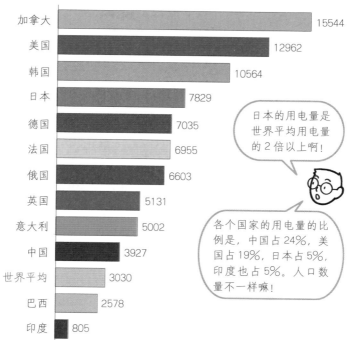

加拿大	15544
美国	12962
韩国	10564
日本	7829
德国	7035
法国	6955
俄国	6603
英国	5131
意大利	5002
中国	3927
世界平均	3030
巴西	2578
印度	805

日本的用电量是世界平均用电量的 2 倍以上啊！

各个国家的用电量的比例是，中国占 24%，美国占 19%，日本占 5%，印度也占 5%。人口数量不一样嘛！

台风产生的能量竟然相当于日本 50 年的发电量

m/s，风力等级

　　台风的强度以"最大风速"作为标准来表示。风速，就是风前进的速度，单位是米 / 秒（m/s）。但是由于风速不稳定，因此，每隔 10 分钟取一次平均值⊖。气象台的风速计，每 0.25 秒就会向电脑发送一次测定结果。为了计算平均值，把每一个测定值叫作瞬间风速。其中最大的值叫作最大瞬间风速。另外，平均值中最大的值又叫作最大风速。

　　台风的强度一般分为强、非常强和超强这三个等级。最大风速是 33m/s 以上并且不到 44m/s 的是强台风，最大风速在 44m/s 和 54m/s 之间的是非常强台风，最大风速在 54m/s 之上的就叫作超强台风。

　　没有风速计时，为了目测风速，人们把风分为不同的风力等级，现在广泛使用的是蒲福风力等级。这个风力等级是英国的海军提督弗朗西斯·蒲福在 1805 年发明的，之后又进行了改良，1864 年作为风力等级的世界标准被世界气象机构采用。世界气象机构将风力分为 0~12 这 13 个等级，每个等级分别表示不同的风速，在陆地上和海上有不同的状态⊜。

　　形容台风除了可以用强度，还可以用"大小"，即大型和超大型两种。大型台风的最大风速在 15m/s（米 / 秒）以上，而且半径在 500km 和 800km 之间。超大型台风是指半径在

　　⊖　日本是 10 分钟，美国是 1 分钟。
　　⊜　下表只介绍了"陆地的状态"。

800km 以上的台风，它差不多可以把日本列岛整个都包括进去。

据说大型台风吹一次的能量相当于日本 50 年的发电量。这个能量如果能够加以利用，该有多好啊。其实，日本已经有了世界上第一项台风发电技术的开发，真希望台风能够快速被应用。

➡ 风力等级

风力等级 （风级）	风速 / （m/s）	英语	日语	陆地的状态
风力 0	0-0.3	calm	静稳	烟可垂直上升
风力 1	0.3-1.6	light air	软风	风向可以用烟的走向判断，但风向标不动
风力 2	1.6-3.4	light breeze	轻风	脸可以感觉到风。树叶摇动。风向标也开始动
风力 3	3.4-5.5	gentle breeze	微风	树叶以及细小的树枝不停摇动。旗也随风摆动
风力 4	5.5-8.0	moderate breeze	和风	尘沙飞扬，纸片飞舞，小树枝摆动
风力 5	8.0-10.8	fresh breeze	清风	有叶小树摇摆，池水会泛起涟漪
风力 6	10.8-13.9	strong breeze	强风	大树枝摇摆，电线发出响声，不好撑伞
风力 7	13.9-17.2	near gale	疾风	树木整体摇动，迎着风不容易行走
风力 8	17.2-20.8	gale	大风	小树枝折断，迎风无法行走
风力 9	20.8-24.5	strong gale	烈风	房屋开始出现些许损毁（烟囱倒塌，瓦片揭起）
风力 10	24.5-28.5	storm	暴风	内陆地区很少见，树木连根拔起，房屋倒塌
风力 11	28.5-32.7	violent storm	狂风	很少出现，会带来大面积的破坏
风力 12	32.7-	hurricane	飓风	内陆几乎不可见，灾害巨大

注：风速测定于陆地以上 10 米（m）。

地震能量的单位是什么？

震级，M

是不是几乎所有的人都知道，当被问到"多大的地震"时，会使用震级和 M 这两个单位。

震级是表示震源放出能量大小的单位。在日本，《气象厅的震级等级》中规划出 10 个等级。过去，根据体感和周围的状况就可以推断出震级，从 1996 年开始，着手使用地震监测仪，于是便可以自动进行监测。全国的地震速报之所以可以比以前更快更准确，也是因为全国大约 600 个地区都设置了地震监测点的原因。

M 是表示地震规模大小的单位。美国的地震学家查尔斯·弗朗西斯·里克特发明了这个单位。里克特定义在距离震源 100km 的地震仪中记录到的最大水平位移为 1 微米（μm）的地震为 0 级地震。当时，记录震级并不是把位移的数值记录下来，而是把数值的位数记录为 M，这样在记录很大型的地震时也可以用很少的位数来方便地表达。因此，M 每增加 1，地震的能量便增加 32 倍，增加 2，就变成了 32 倍的 32 倍，大约 1000 倍。

一般情况下，不能使用 M 表示 8.5 级以上的地震，因此在测量震源和断层的偏差量时，会根据断层的面积以及断层附近的岩石的性质等情况用到瞬间震级。不过，这种测量只能用于长时间的观测，地震速报是使用不到的。但是，由于它可以观测任何震级的地震，所以在大地震发生时是很有用的。

➡ 震源与震级

震源的深度、地形和地质等跟震级没有关系，
震级只与震源放出的能量有关。

震级 7　　震级 5　　震级 1

M7 × 震源

➡ 震级

震级	计量范围	人体感受
0	不到 0.5	人感觉不到震动
1	0.5~1.5	屋里只有部分人能感到震动
2	1.5~2.5	屋里大部分人感到震动，睡着的人部分震醒
3	2.5~3.5	屋里的人大多数会感到震动，有人觉得恐怖
4	3.5~4.5	相当有恐怖感，睡着的人都会醒来
5 弱	4.5~5.0	很多人为了安全开始想办法，一部分人无法正常行动
5 强	5.0~5.5	非常恐怖，很多人无法正常行动
6 弱	5.5~6.0	站立困难
6 强	6.0~6.5	无法站立，只能爬行
7	6.5 以上	身体摇摆，无法按照自己的意识行动

➡ 世界大地震（按震级大小排序）

①	智力地震（1960 年）	M9.5
②	苏门答腊岛地震（2004 年）	M9.1~9.3
③	阿拉斯加地震（1964 年）	M9.2
④	苏门答腊岛地震（1833 年）	M8.8~9.2
⑤	级联地震（1700 年）	M8.7~9.2
⑥	东北地区太平洋地震（2011 年）	M9.0
⑦	勘察加地震（1952 年）	M9.0

借助风力大显身手的英雄——假面骑士

　　说到日本的特别电视节目，奥特曼系列是首当其冲，与其可以同日而语的，就只有假面骑士系列了。知道的人可能不少吧，所谓假面骑士，其实是借助风力来变身的。

　　初期的假面骑士 1 号，靠着腰带上的风车接受风能变成假面骑士的样子。它的原理是利用风车接受风能，使得体内的小型原子炉启动。为了接受风能，他不得不骑着摩托车，或者是从高楼上飞身而下。

　　其后登场的假面骑士 2 号，在每一次跳跃中就可以利用风能来变身，而且不只是接受风能实现变身，还可以储存风能在腰带里面，这样即便是没有风也可以变身了（好厉害！）。储存风能是多么方便而且重要啊！

　　最近有人将风力发电生产的电能储存在蓄电池或者一般的电池中，令人意外的是，物美价廉的家用风力发电机也开始销售。借助风力来发电也许并不能满足我们所有的电力需求，但是可以和太阳能发电组合起来使用，说不定几十年之后会迎来每家一台风力发电机的时代呢！

➡ 风力发电示意图

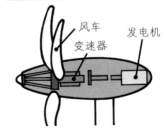

风力发电　　用风力发电

风车
变速器
发电机

第 8 章

肉眼看不到的声音和温度的单位

有个词叫作"空耳"，意思就是人类有时候会出现幻听。在本章中，会对这些可能听错的声音以及温度的单位进行解释说明。

为什么声音能被听到呢？

dB，phon，sone

人耳之所以能够听到声音，是因为有空气的存在。空气振动传播的，就是人耳所听到的声音。振动的幅度决定声强，表示声强等级的单位是分贝（dB）。在这里提到了等级，但是，其实分贝（dB）并不是测定声强得出的数值，而是人耳能够听到的声强的对比标准。把人耳不能听到的声强定为0dB，以此为基础，每增加10倍（20dB）设为一个等级。为什么以10倍为标准设定呢，因为声强的10倍刚好是人耳能听到的声音的2倍。另外，声强不能用单纯的加减法来计算。例如80dB的吸尘器在同一个地方放两台一起使用的话，不是加起来的160dB，而是83dB。

因此，分贝（dB）是表示比率的单位，除了声强以外，在电的世界里同样被使用着。"分贝"其实是那位因为发明了电话而成名的亚历山大·贝尔在表达电力传送衰减时所使用的单位。因为按照原样使用的话，数值大到无法理解，因此把意味着十分之一的词头"分"加在前面，就有了"分贝"这个单位。

关于声音的单位除了分贝（dB）以外，还有表达声音大小的phon这个单位。它是响度级的单位，频率为1000Hz的纯音⊖声强为0dB，响度级定为0phon。人耳在听声音时，即使声强相同，如果频率不同，听起来也会很不一样。

⊖ 像音叉的声音一样，只有一个音的成分构成的音。自然界中几乎没有。

除此之外，还有以频率为 1000Hz、响度级为 40phon 的声音为标准定义的响度单位 sone。据说这个单位是表达家电制品噪声大小的尺度。声音受人类的感觉影响很大，因此很难用一个非常精准的数值统一表示。

➡ 噪声和声强等级

分贝	噪声例子	体感状况
10	人的呼吸声	非常安静 （0~20dB）
20	树叶摩擦的声音	安静 （20~40dB）
	时钟秒针的声音	
30	郊外的深夜	
	呢喃的声音	
40	图书馆	普通 （40~60dB）
	安静的住宅区的白天	
50	安静的办公室	
60	安静的乘用车	喧哗 （60~80dB）
	一般的对话	
70	电话铃声	
	吵闹的办公室	
	敲被子的声音	
80	地铁里面	非常吵 （80~100dB）
90	狗的叫声	
	高音独唱	
	嘈杂的工厂里	
100	电车路过时的护栏下	耳朵疼 （100~130dB）
110	交响乐团奏乐	
120	飞机发动机附近	
130	大炮发射	

声音能被阻隔多少？

D 值，T 值，L 值，NC 值

在我们的生活当中，没有任何声音的情况是很少的吧。有听起来觉得很舒服的声音，也有与之相反的所谓的噪声。

关于建筑，有不同的隔声评价标准。

首先表达建筑物的墙壁和地板的隔声效果的单位是 D 值。比如，隔壁房间的电视的声音是 70dB 的时候，在这边的房间如果能听到 30dB，那么就说明房间的墙壁隔声的数值是 70dB − 30dB=40dB，表达为"D-40"。数值越大，表示隔声的效果越好，D-55 是钢琴的声音只能听到一点点的程度。D-30 是能很清楚地听到声音的程度。

还有一个单位，表示阻隔了多大的声音，就是 T 值。它主要是表示窗户的隔声性能。和墙壁同样，窗户的里面和外面都要进行测试。窗户的隔声性能分为 4 个层次。"T-1"的隔声效果最差，而"T-4"的隔声效果最好，相当于双层窗户的隔声效果。T 值越高的房间，就会越安静，但是一开窗户，马上就会觉得很吵。

除此之外还有表示地板隔声性能的 L 值。孩子们跳来跳去的时候，传到楼下的声音（重度地板冲击声）是"LH"，而把东西掉在地板上，以及拖着椅子走的声音（轻度地板冲击声）是"LL"。因为这些都是表示噪声等级的，因此与 D 值正好相反，数值越大反而越觉得吵。"LL-40"是基本听不到的程度，"LL-65"却是非常大的声音。

最后，还有一个表示室内安静程度的单位是 NC 值。它用来评价办公室里面空调的噪声等常驻噪声。大会议室里面的值通常定在 "NC-20" 比较合适，这是相当安静的水平了。如果达到 "NC-50" 的话，就相当吵了，打电话都很困难，不大声讲话根本听不到。NC 值也和 L 值一样，数值越小越安静。

➡ 隔声性能和 D 值

建筑物	房间用途	部位	适用等级			
			特级	1 级	2 级	3 级
			特殊	标准	允许	最低限度
公寓	卧室	与隔壁的间隔板、地板	D-55	D-50	D-45	D-40
宾馆	客厅	与隔壁的间隔板、地板	D-50	D-45	D-40	D-35
办公室	业务上要求保密的房间	与隔壁的间隔板、地板	D-50	D-45	D-40	D-35
学校	普通教室	与隔壁的间隔板	D-45	D-40	D-35	D-30
医院	病房（单间）	与隔壁的间隔板	D-50	D-45	D-40	D-35
个人别墅	要求保护个人隐私的卧室等房间	自家屋里的间隔板	D-45	D-40	D-35	D-30

➡ 适用等级

	特级	1 级	2 级	3 级
隔声效果	非常优秀	很不错	可以满足	最低限度的要求
说明	要求隔声性能特别好，适于使用	通常情况下使用者没有任何抱怨，隔声性能优越	虽有个别的抱怨，但基本上可以满足要求	使用者抱怨的可能性很大

无线电波是听不到的

Hz

空气除了可以传播人耳能听到的声波，还能传播其他听不到的波，这些波都可以用频率来表示。频率是指1秒钟内波振动的次数，单位是赫兹（Hz）。

这个单位是以德国的物理学家海因里希·鲁道夫·赫兹的名字命名的。赫兹在进行了各种实验之后，证明了电磁波的存在，并发现电磁波可以传递信息。

一般来说，频率在3THz以下的电磁波叫作无线电波。比其频率高的电磁波有红外线、可见光、紫外线等所谓的光⊖和X射线、伽马射线等。与前面所叙述的声音需要介质才能传播不同，电磁波不需要介质就可以传播。

我们在听AM收音机的时候，接收到的无线电波是中波（MF）。FM收音机和电视接收的无线电波叫作超短波（VHF）。用于手机和业务用的无线电波是极超短波（UHF），微波炉和最近听说的电子标签也都在使用这种波。而更高频率的微波（SHF），由于具有直线行走的性质，因此被使用于向特定的方向发射，例如卫星通信和卫星播放等。

无线电波传播的速度是光速，比声速要快得多，声速是340m/s（米/秒）。因此，如果在电视上看家附近举办的烟火晚会的直播，你会发现，真正的烟花的声音传到耳朵里，要比电视上烟花的声音晚一些，竟然还有这样的现象！

⊖ 人的眼睛能够看到的可见光叫作光，在自然科学的领域里，光也包括红外线和紫外线。

➡ 电磁波的应用

频率

3kHz

超长波（VLF）　　海底探查等

30kHz

长波（LF）　船舶和飞机的航行中使用的
指向波，电波表等

300kHz

中波（MF）　AM 收音机播放，非专业的
无线电①等

3MHz

短波（HF）　船舶和国际航线飞机使用的
通信等

30MHz

超短波（VHF）　FM 收音机的播放和警察无
线对讲机等

300MHz

极超短波（UHF）　手机，出租车的无线电，微
波炉等

3GHz

微波②（SHF）　卫星通信，卫星播放，无线
LAN 等

30GHz

毫波（EHF）　防止机动车撞车的雷达等

300GHz

亚毫米波（THF）　使用射电望远镜观测天文
时使用

3THz

① 短波也有分配给无线电的频段。
② 有时候也被称为厘米波。厘米波、毫米波、亚毫米波统称为微波。

你的音域是多少？

八度

即便你不喜欢音乐，也见过钢琴键盘吧。钢琴键盘上的琴键有黑白两种颜色，黑色的琴键分两个在一起和三个在一起两种情况。两个在一起的黑色琴键的左边第一个白色琴键就是 do（哆），从这里开始往右数，按顺序分别是"re（来），mi（咪），fa（发），sol（唆），la（拉），si（西）"。然后，再循环继续。这个"哆"和下一个"哆"之间的 8 个音就叫作八度（octave）。这个叫作八度的词，是拉丁语里面第八的意思，它的词源是"octavus"。

声音发生了变化是指声波的频率发生了改变。每升高 1 个八度，频率就会变为原来的 2 倍。例如，当某个键盘的"哆"的频率是 264Hz 时，升高一个八度之后"哆"的频率就是528Hz。即便不是十分懂得音乐的人，在听到学校里面或者是商场里面在播放广播之前的笛声时，也都会多多少少明白了吧。笛声的音有 4 个，但是它们各自的频率从最开始按顺序分别是"440Hz-550Hz-660Hz-880Hz"，和第一个音对比起来，最后一个音升高了 1 个八度。那个笛声如果用"dinner chime"的乐器来演奏的话可以很简单地完成。看名字就能够知道，原本这是用于通知晚饭时间的信号笛。

现在喜欢卡拉 OK 的人很多，你的音域是多少你知道吗？人类可以发出声音的范围是 85~1100Hz，基本可以发出 3 个八

度。唱歌的时候，能够用稳定的气息来唱歌的声音范围，基本
上一般人是两个八度左右。专业的人士中，能够发出 3 个八度
的好像也有，但是那应该是相当厉害了。

➡ 八度的伙伴们

跟第八（octavus）的前缀
相同的词有以下几种情况

八爪鱼
（octopus）

八角形
（octagon）

古代罗马历的八月是
现在的十月（October）

八重奏（octet）

小提琴　中提琴　大提琴　低音提琴　单簧管　圆号　巴松管

八十多岁
（octogenarian）

八胞胎（octuplets）

什么是绝对温度?

K

绝对温度用开尔文（K）这个单位来表示。那么绝对温度是什么呢?

物质中的分子，甚至是原子都有动能，支持着它们不停地运动。这个运动停止的温度称为绝对零度，记为 0K。这个温度用我们平时使用的摄氏度来表示的话，就是 −273.15℃。这世界上没有比绝对零度更低的温度了，而绝对温度没有上限。水的状态有气体、液体和固体三种，这三种状态在平衡的状态下存在的关键点是"三相点"（用摄氏度来表示是 0.01℃），它的热力学温度[⊖]是 273.16K，1K 是该温度的 1/273.16。

看似很难理解吧，其实绝对温度的温度差 1K 和我们平时使用的摄氏温度的温度差 1℃是一样的。只不过 0K 是 −273.15℃，在此基础之上温度差只是按顺序增减，例如，20℃相当于 293.15K（20+273.15=293.15）。所以只要记住 −273.15，二者之间的换算计算起来就会比较简单了。

绝对温度的单位使用大写字母 K 来表示，不难推测出，这个单位也是由人名命名的，他是英国的物理学家威廉·汤姆逊。也许你会很吃惊，"啊? 不是开尔文啊?"，其实开尔文是他 68 岁的时候，由于其贡献巨大，被赐予的勋爵的称号，因此后人称他为开尔文，这才是这个单位名称的由来。

⊖ 带有普遍性的理论性的温度。和绝对温度是同一个意思的时候也有很多。

　　在日本，从明治时代开始使用温度单位 K，但大家熟悉的还是摄氏度。所以不得不使用 K 的时候，请加上 273.15 吧。

　　绝对温度的单位 K，除了可以表示液体、固体、气体等热力学温度之外，有时还用于表示光的温度。光的温度如果用颜色来表示的话，称为色温。色温从低到高分别是红色→白色→青色。

　　比如说，晴天的晌午时，光的色温是 5800~6000K，看起来接近白色。色温达到 7000K 以上的时候，光的颜色略带青色。反之，日出后和日落前的光的色温比较低，达到 2300K 以下的话光会略带红色。

➡ 光的色温标准

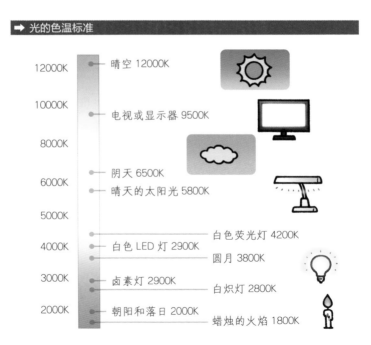

什么是摄氏度?

℃，centigrade，℉

日本的气温和体温一般都用摄氏度这个单位。发明摄氏度的人是瑞典的天文学家安德斯·摄尔修斯。在欧美，这个单位被称作摄氏度，而在日本，人们把他的名字用汉字音译成摄尔修，在其后加上"氏"字，略读为"摄氏"，单位的符号℃也是由 Celsius（摄尔修斯）的首字母来的。日本在使用摄氏时，也有不用℃，而是直接用"度"来表示的情况。

摄氏度到底是什么呢。摄氏温标规定：1 个标准大气压下，纯水的冰点⊖用 0 表示，沸点⊖用 100 来表示，这中间的 100 等分的温度单位指的就是摄氏度了。实际上，摄氏度在 1742 年被提出时，设定的是凝固点是 100℃，沸点是 0℃，后来才改成现在这样的表达方式。单位符号最初是由拉丁语中表示 100 步的 centigrade 来表示的，由于国际单位制（SI）中的词头 centi 和这个很容易混淆，因此还是选用摄氏度这个名字了。

话说回来，市面上贩卖的温度计所测出的温度是否正确，要怎样才能知晓呢？温度计的制造商会把制品和标准温度计来进行比较，即进行温度校准。标准温度计一般都是使用经过多少年也不会发生变化的材料制作而成的，而且都是工匠们一只一只手工制作而成，据说制作一只竟然需要 6 个月的时间。正是因为有这样精准的计量仪器作为标准，才做出了我们身边看

⊖　水凝固时的温度。

⊖　液体沸腾时的温度。水沸腾以后变成水蒸气。

似普通的温度计，我们才能放心地用它们来测量温度。

作为温度的单位，除了摄氏度（℃），还有华氏度（℉）。

华氏度出现的时间比摄氏度要早 30 年以上，是德国物理学家华伦海特发明的。在日本，人们并不怎么使用华氏度，但是在美国使用率还是很高的。在华氏温标里，水的冰点是 32 ℉，沸点是 212 ℉，把这中间 180 等分，1 等分就是 1 ℉。华氏温度换算成摄氏温度时使用的公式是：（华氏温度 -32）×5÷9。比如华氏 90 ℉换算成摄氏度就是：（90-32）×5÷9=32.2（℃）。

➡ 摄氏温度的种种

太阳的表面 5500℃

铁的熔点⊖ 1538℃

金的熔点 1064℃

金星的表面 470℃

水的沸点 100℃

（美国 1913 年 7 月 10 日）56.7℃

（熊谷市 2018 年 7 月 23 日）41.1℃

健康人的体温 36℃

0℃　水的冰点 0℃

日本最低气温（北海道 1902 年 1 月 25 日）−41.0℃

世界最低气温（南极洲 1983 年 7 月 21 日）−89.2℃

冥王星的表面 −230℃

最低的温度 −273.15℃

⊖　熔点就是晶体物质开始熔化为液体时的温度。

音叉可以用于调整望远镜的清晰度吗?

你知道用于乐器调音的(音准)音叉吗?敲击分为二叉的金属部分时,某个频率的音⊖就会响起。发明音叉的人是英国的约翰·朔尔,据说是为了一种叫作鲁特琴的乐器而发明出来的。音叉的频率一般来讲是比较稳定的,无论何时都可以奏出相同频率的声音,因此用于为乐器调音。

这种能够发出稳定频率声音的音叉结构,据说可以用于矫正夏威夷岛莫纳克亚天文台的昴星团望远镜反射镜上扭曲的传感器。昴星团望远镜的反射镜,是世界上口径最大(8.2m)的单面反射镜,厚度却只有20cm,非常容易扭曲。因此,这个望远镜由具有261只机械手的传动装置支撑着,这个传动装置就使用了音叉传感器。当镜片发生移动时,每加重150kg的重量,就必须有感知1g的变化的仪器存在,这个就是音叉压力传感器。把由来已久的音叉结构用于传感器,真的不得不说是一个可圈可点的好主意。

另外,昴星团望远镜的反射镜的擦拭方法你知道吗?由于反射镜相当重也相当大,所以想从望远镜里取出它来进行清洗是不可能的。因此,就使用二氧化碳来进行清理。用纤细的喷嘴在镜面的旁边喷射出 -56.6℃的液体二氧化碳,就可以产生气体的碳酸气体和干冰,这个组合可以使灰尘脱落。

⊖ 一般来讲是 440kHz 的 A 音(拉)。

第 9 章

表示光的各种单位

室户岬

当你听到"光"这个字时,你会联想到什么?
会是太阳和月亮的光吗? 还是电发出的光
呢? 无论是哪一个,都是我们的生活不可
或缺的。本章将会介绍表示光的各种各样
的单位。

表示蜡烛的发光强度

cd，cp，烛光，gr，lb

能够自身发光的物体和仪器都叫作光源。太阳和家里面的电灯（开灯之后），都视作光源的一种。

光源发出多少光用发光强度来表示，其单位为坎德拉（cd）。坎德拉（candela）这个词语，在拉丁语里面是"用动物油做的蜡烛"的意思。因此，标准就被定为一根蜡烛的发光强度。读到这里相信你已经注意到了，这个词就是英语里面"candle（蜡烛）"的词源。

这个单位原本是叫作 cp 的，但是在日本叫作烛光。cp 是1860 年英国制定的单位，定义为"1/6lb（磅）的鲸鱼油蜡烛以每小时 120gr [○]（格令）的燃烧速度燃烧产生的发光强度"。这个定义在 1948 年被国际统一为"cd"。1cp 是 1.0067cd，因此，基本上可以说是一致的。

发光强度大的灯塔，大家也许都会以为它会消耗很多电力，其实，如果有效地利用透镜或者反射镜使光束汇聚起来，可以节省很多电力。过去需要用 2000W 的灯泡，现在用放电灯，功率高一点的，据说只需要 400W 就足够了。

○ 120gr（格令）大约是 7.8g，1/6lb（磅）大约是 75.6。这些单位的具体详解，请参照 72~75 页。

➡ **全国仅有 5 座一等灯塔**

灯塔所使用的反光镜，按照大小来
分类可以分为一等～六等，如果比
这个还小的话，就叫作等外。使用
最大的反光镜的一等灯塔，现在全
国只有 5 座。

出云日御碕灯塔
（岛根县出云市）
实效发光强度 48 万 cd

经岬灯塔
（京都府京丹后市）
实效发光强度 28 万 cd

角岛灯塔
（山口县下关市）
实效发光强度 67 万 cd

犬吠埼灯塔
（千叶县铫子市）
实效发光强度 110 万 cd

室户岬灯塔
（高知县室户市）
实效发光强度 160 万 cd

表示被照亮的程度

lx

从光源发出的光，距离越远光线越弱。所谓照度，并不是指光源本身的发光强度，而是指被照亮的程度。照度所使用的单位是勒克斯（lx），表示单位面积上有多少光照射。1cd 的光照射在 $1m^2$ 的面积上照度就是 1lx。如果 1cd 的光，在距离 1m 的地方照度是 1lx 的话，那么距离 2m 的地方它的照度就是 0.25lx，50cm 的地方就是 4lx。因此，照度和距离的 2 倍成反比。

现实中，太阳照射地面的照度是 10 万 lx，阴天的时候照度是 1 万 ~2 万 lx，满月的夜晚地面的照度是 0.2lx。房间里面，距离 60W 的白炽灯 30cm 的地方，照度大约是 500lx。

按照日本工业标准（JIS）的照度标准来看，在卧室化妆时，需要 300lx 以上的照度，在书房看书时，需要 500lx 以上的照度。在黑暗的环境下工作，容易带来视疲劳，因此，为了保护眼睛，我们要在合适的照度下工作。

另外，随着年龄的增长，减弱的不仅是视力，对光照的感觉度也在变化。如果说 20 岁的人对光的感觉度是 1 的话，那么 40 岁的人，如果想要感受到同样的亮度，就需要 1.8 倍的亮度。50 岁是 2.4 倍，60 岁是 3.2 倍。

➡ **日本工业标准（JIS）的照度标准**

照度 （单位：lx）	住宅	单位	商业设施	保健医疗设施
2000			大型商店的橱窗 重要陈列处	
1000	手工艺·裁缝		大型商店的一般 陈列处	急救室 手术室
750		办公室 职员室 玄关大厅 （白天）	收银台 试衣间 超市的招牌	
500	公寓的管理办公室	会议室 中控室	大型商店整体 餐厅的厨房	诊察室 复健室 太平间
300	厨房料理台 梳妆台 公寓的活动室	接待室 化妆间 电梯厅		X 射线室
200	玩耍 公寓的大厅 电梯厅	厕所 更衣室 书库	餐厅的就餐处	
100	书房 玄关 公寓的走廊	休息室 玄关暂停处		病房
75	厕所			眼科暗室
50	客厅	室内 应急楼梯		
20	卧室			

所有的照度都有
推荐值呢！

表示人眼能看到的光

lm

　　人眼能看到的光的多少用光通量来表示，它的单位是流明（lm）。1cd 的点光源在 1sr ⊖ 内发射的光通量是 1lm。另外，单位名称"lm"在拉丁语当中的意思是"昼光"。

　　最近，使用 LED 灯照明的人家逐渐增多，LED 灯和荧光灯的光通量都使用 lm 这个单位来表示。在 LED 灯出现之前，人们买电灯泡和荧光灯时判断亮度的单位都是 20W 或者 40W 的 W。人们通过 W 前面的数值来判断肉眼可看到的亮度。W 是消耗电量的单位，因此数值越大认为越明亮。

　　那么，LED 灯是怎样的呢？LED 的特点是比荧光灯等其他灯消耗的电量少，但是亮度并不逊色，因此，用 W 来表示的话，难以知道亮度，所以就使用 lm 这个单位了。例如，与 40W 白炽灯亮度相同的 LED 灯是 485lm，与 40W 的荧光灯亮度相同的 LED 灯是 2250lm。

　　不过不同的光源发出的光不一样，同样的光源，不同的人感觉也不一样。

　　我们的眼睛，因为在角膜和晶状体之间有叫作虹膜的膜层⊜，它可以调整瞳孔的大小，因此进入视网膜的光通量也就得以调节。在明亮的环境虹膜收缩可以抑制光通量，而在黑暗的环境，虹膜放大，进入视网膜的光线就会多一些。正因为如此，从黑

　　⊖　sr 表示球面度，在 90 页有详细解释。
　　⊜　虹膜是俗称的黑眼球。日本人的虹膜多数都呈深棕色。

暗的环境出来进入明亮的环境时，大量光线经由来不及收缩的虹膜进入视网膜，会感觉非常刺眼。反之，从明亮的环境进入到黑暗的环境时，虹膜来不及放大进入视网膜的光线很少，所以眼睛就会感觉看不到东西。

➡ 适合不同房间大小的 LED 灯亮度

房间大小	亮度
4.5 畳	5100 ～ 6100lm
6 畳	4500 ～ 5500lm
8 畳	3900 ～ 4900lm
10 畳	3300 ～ 4300lm
12 畳	2700 ～ 3700lm
14 畳	2200 ～ 3200lm

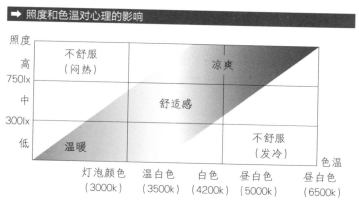

➡ 照度和色温对心理的影响

照度
高
750lx
不舒服（闷热）
凉爽
中
舒适感
300lx
低
温暖
不舒服（发冷）
色温
灯泡颜色（3000k）　温白色（3500k）　白色（4200k）　昼白色（5000k）　昼白色（6500k）

表示能够看到的明亮程度

cd/m², nt, sb

从光源发出的光,光源的面积越大越明亮。例如,相同亮度的荧光灯,安装一只和两只的明亮程度是完全不同的。虽说是表示光源的亮度,但其实并不是光源的整体亮度,而是光源所照射的面积的光通量。

单位面积的发光强度叫作亮度,单位是 cd/m²。看到单位符号就可以知道,它表示光源在 1m 见方的地方呈现的亮度。一般来讲,发光强度是不考虑光源照射的面积时使用的单位,比如星星或者电灯;而亮度是考虑光源照射的面积时使用的单位,比如液晶电视屏幕的亮度是 500cd/m² 左右,电脑显示器的亮度是 250~300cd/m²。

亮度在国际上还有一个单位,叫作尼特(nit),单位符号是 nt。nit 来自拉丁语 nitere,是"发光"的意思。

1nt 表示 1m² 的发光强度是 1cd,1cm² 的发光强度用 sb(熙提)这个单位来表示,也就是说,$1sb=10^{-4}cd/m^2$。

亮度和发光强度一样,都是人眼能感觉到的物理量,因此,就会因为感受不同而不同。相同亮度的荧光灯,一只和两只的亮度,也不是单纯地变成 2 倍这么简单。

➡ 看荧光屏时要注意保护眼睛

表示夜空中星星的亮度

星等

　　星等是表示星星亮度的单位。数值越小的星星就越明亮。

　　星等是公元前 2 世纪由希腊一位叫作喜帕恰斯的天文学家提出的，他把肉眼可见的星星按亮度分为 1 至 6 等星，最亮的星星定为 1 等星，用心观察才能够看到的定为 6 等星，其间又分为 4 个等级。

　　16 世纪之后有了望远镜，人们观测到了比 6 等星更暗的星星。因此天文学家又将其分为 7 等 8 等星，一直也没有统一。到了 19 世纪，人们可以拍到天体的照片之后，本想按照那些照片来区分等级。但是人们却发现，肉眼可见的亮度，与天体的照片里所呈现的亮度并不一致。照相机对于青色更容易感光，黄色相对比较难，为了区分，就制定了肉眼可见的星体亮度等级，叫作视星等，而用照片测定的星体亮度等级叫作照片星等。

　　现在，取代了望远镜进行观测的仪器是光电光度计和冷却CCD 照相机，用这些来观测星星的亮度。喜帕恰斯那个时代精度达不到小数点以后，而如今，已经精确到了 0.001 的程度了。另外，人们定义出 1 等星是 6 等星亮度的 100 倍，每升高 1 个等级，星星的亮度就变为原来的 2.5 倍。

　　至今为止，我们说的都是从地球上观测到的星星亮度。由于星体跟地球之间的距离不同，所以实际的亮度与在地球上看到的亮度并不一样。因此，我们把距离地球 32.6 光年的恒星的亮度作为标准来测定星星的亮度。这就是与视星等相对应的绝对星等了。

→ 视星等和绝对星等

仙后座 V987 星是距离地球 32.8 光年的星体，视星等和绝对星等基本相同。

天鹅座的天津四距离地球 1410 光年，绝对星等是 −7.2，是相当明亮的星星。

视星等	绝对星等	天体名称
−26.73	4.8	太阳
−12.6		满月
−4.4		金星（最大的亮度）
−2.8		火星（最大的亮度）
−1.46	1.45	天狼星
−0.72	−5.54	老人星
0.03	0.61	织女星
0.8	2.2	牵牛星
0.96	−4.9	阿尔法双星
1.25	−7.2	天津四
5.63	5.64	仙后座 V987
6		一般肉眼无法看到的暗淡的恒星
12.6		类星体（数十亿光年之外存在的高亮度天体）
30		哈勃空间望远镜[①]观测到的最暗淡的天体

① 绕地球之上约 600 千米（km）的轨道运行，直径 2.4 米（m）的反射望远镜，因为不受大气影响，可以拍摄清晰的天体照片。

表示相机镜头的光圈

F 值

照相与过去相比，已经相当轻松了。我们刚觉得数码相机的使用十分方便，很快又出现了可以拍照的手机，现在的智能手机拍照功能完全可以与相机相媲美。无论何时何地都可以想拍就拍，而且可以拍摄得很美。但是，数码相机和智能手机的镜头的光圈是不同的，也许了解到这一点使用会更方便。例如，拍摄夜景或者在很暗的环境进行拍摄的时候，使用大光圈镜头会更好一些。

表示相机镜头的光圈时，使用 F 值。如果你有数码相机的话，在镜头的附近会有"F=2.0"或者"1:3.5"的字样。"F="和"1:"右侧的值就是 F 值。新款智能手机的相机，F 值都在 2.0 左右，拍照效果非常好，这真是惊人的进步！

相机镜头的光圈与镜头的直径（口径）以及焦距有关系。镜头的直径越大，进光量越多，照片越明亮。镜头的直径增加到 2 倍的话，进光量就会增加 4 倍，直径是 3 倍的话，进光量就会变为 9 倍，因此，进光量与镜头直径的平方成正比。另外，焦距越短，聚光能力越好，进光量越多。焦距是原来 2 倍的时候，进光量会变为原来的 1/4，因此进光量与焦距的平方成反比。

基于这两个因素，F 值的定义就确定下来了，它就是镜头的焦距除以直径得来的。

F 值越小，越能拍出色彩明亮的照片。

➡ 数码相机的调整

数码相机调整快门速度、感光度和光圈（F 值），就可以使拍照效果更好。

快门速度
快门时间太长，可以增加进光量，却会导致手抖。

感光度
相机感光元件的灵敏度，如果调高的话，在比较暗的地方也可以拍摄，但是会出现噪点。

光圈（F 值）
通过调整镜头的进光量来改变。但是智能手机的光圈基本都是固定的值。

有的智能手机的应用软件，也可以调整亮度和清晰度啊！

表示眼镜的度数

D

如果你接触过制作近视镜和老花镜的专业人士的话，可能你会有所了解，表示镜片的折射率的单位是 D（屈光度）。有人会说"眼镜是有的，但是从没听说过还有这个单位"，但是他们肯定听说过"度数"这个词吧。眼镜店使用的度数（球面度数），其实就是 D。

眼镜镜片的折射率，用镜片焦距（用米作单位）的倒数来表示，凸透镜用正值，凹透镜用负值。

凸透镜，顾名思义就是中央比四周厚的镜片，矫正远视和老花眼时会用到。凸透镜在遇到太阳光等平行光线时，会将光会聚到一点，因此也被叫作聚光透镜。

凹透镜，则是中央比四周薄的镜片，矫正近视时会用到。凹透镜具有发散光线的性质，所以凹透镜的焦点跟光源在一侧，用负值表示。另外，由于它是看不到的焦点，因此也被叫作虚焦点。

比如说，焦距是 0.5m 的话，D 就是其倒数 2。D 是用以米为单位的焦距的倒数计算得来的。话说回来，戴眼镜的各位，你的眼镜度数是对的吗？眼镜的度数正确与否，据说要这样判断，"随意看什么地方，当眼睛处在休息状态的时候，焦距为 1m 左右比较合适"。度数太大，会导致肩膀僵硬和头痛，所以还是选择合适的镜片吧。

➡ 凸透镜和凹透镜

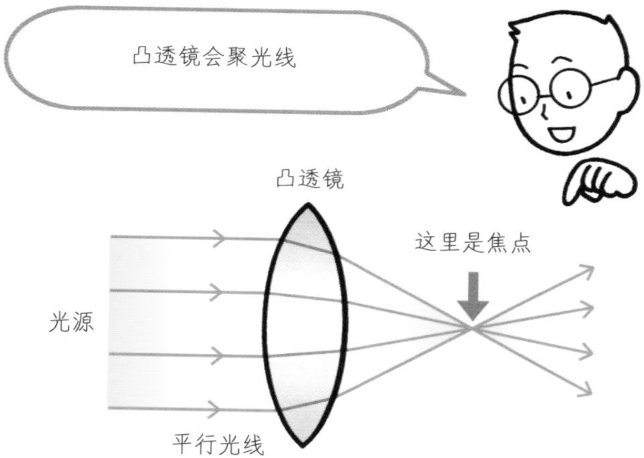

凸透镜会聚光线

凸透镜

这里是焦点

光源

平行光线

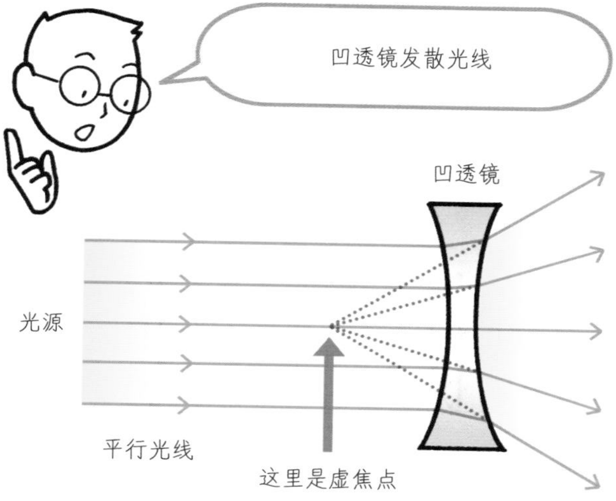

凹透镜发散光线

凹透镜

光源

平行光线

这里是虚焦点

灯塔的镜头使用的菲涅尔透镜指的是什么?

　　灯塔所使用的镜头中最大的是第一等镜头，其标准直径是2590mm，内径是1840mm，焦距是920mm。镜头的等级不是根据镜头的直径划分的，而是按焦距的长短来划分的。说到灯塔的镜头，也许会联想到凸透镜吧，但是如果是直径为2m多的凸透镜的话，会相当重，成本也会非常高。实际上灯塔的镜头使用了一种叫作"菲涅尔透镜"的特殊镜片。19世纪初，有一位叫作奥古斯汀·菲涅尔的法国物理学家，开发了把很薄的镜片多张重叠组合在一起使用的灯塔镜头。在那之前，灯塔所使用的镜头一直都很笨重，菲涅尔的发明节省了大量的材料和成本，并且节约了制作时间。这个镜头非常薄，因此不只是灯塔，还可以应用在卡片型的放大镜、相机以及频闪灯上。

➡ 菲涅尔透镜的结构

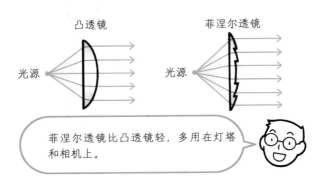

凸透镜　　　　　　　　菲涅尔透镜

光源　　　　　　　　光源

菲涅尔透镜比凸透镜轻，多用在灯塔和相机上。

第 10 章

用人名来命名的单位

在前面的章节中也出现过，为了纪念发明者的贡献，有的单位以发明者的名字命名，本章就介绍这样的单位。

万有引力的发现者是因为加速度而闻名的吗？

提起艾萨克·牛顿，大家都知道他是看到苹果从树上掉下来而发现了万有引力的人⊖。可是，他的名字作为单位，而且是国际单位制（SI）的单位，不知道的人是不是很多？

"万有"的意思是万物都有，"引力"的意思是相互吸引的力，合在一起表示任何物体之间都存在相互吸引的力。

力的单位牛顿（简称牛，N）的定义是：加在质量为1千克（kg）的物体上，使之产生1米/秒^2（m/s^2）加速度的力是1牛顿（N）。这样一来，由质量的基本单位kg、长度（距离）的基本单位m和时间的基本单位的s组合起来得到了"kg·m/s^2"这个单位。

但是，这个单位有点长，如果用这个力去求压强和功，那么求得的单位会变得更长、更复杂。

因此为了纪念牛顿的贡献，就将"kg m/s^2"这个单位称为"牛顿（N）"。⊜

既然任何物体之间都存在相互吸引的力，那苹果为什么不能被别的物体吸引，而是掉落到地面呢？因为万有引力与两个物体质量的乘积成正比，与两个物体距离的平方成反比，两

⊖　虽然在牛顿本家的庭院确实种植有苹果树，但是这个故事是杜撰的。

⊜　1904年由布里斯托尔大学的大卫·罗伯特森提倡，于1948年采用。布里斯托尔大学是牛顿的祖国英国的大学，过去曾培养出12名诺贝尔奖获奖者。

个物体的质量越大引力就越强，距离越远引力越弱。因此，苹果受到周围质量最大的物体，也就是地球的吸引而掉落到地面。

➡ 力的单位"N（牛顿）"

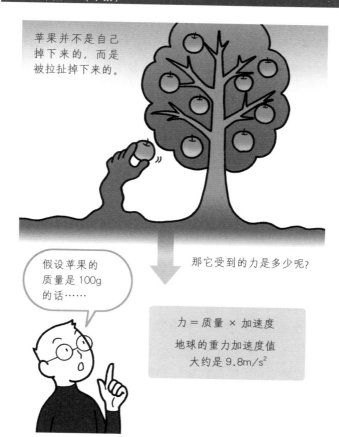

苹果并不是自己掉下来的，而是被拉扯掉下来的。

假设苹果的质量是 100g 的话……

那它受到的力是多少呢?

力 = 质量 × 加速度
地球的重力加速度值
大约是 9.8m/s²

需要谨慎使用的单位

Bq，dps，Ci，GBq

听到"放射能"，会让人感觉非常危险。众所周知，由于原子弹的投射和原子能发电站泄露而造成的辐射会有害健康。

但是，自从东日本大地震以后，核能发电站的比例越来越低了，不过核能发电在世界范围内仍在被使用。医院的精密检查中也在使用放射线。为了安全使用放射能，正确地表示放射性物质的性质非常必要。

表示放射性物质放射性活度的国际单位制（SI）的单位是贝克（Bq）。源于发现放射线的法国物理学家亨利·贝克勒尔的名字。

1Bq 的意思是"放射性元素每秒有 1 个原子发生衰变⊖时的放射性活度"。这个值与之前使用的 dps（Disintegrations Per Second：每秒衰变数）相同。

还有一个表示放射性活度的单位是居里（Ci）。1898 年，居里夫人在沥青铀矿的残渣中发现了镭和钋这两种放射性元素，为了纪念居里夫人，将居里（Ci）作为放射性活度的单位。

Ci 的意思是"1g 镭衰变成氡的放射性活度"。因为 1g 镭每秒发生 3.7×10^{10} 次原子核衰变，1Ci 就是 3.7×10^{10}Bq，即 37GBq。

贝克勒尔和居里夫妇三人一同于 1903 年荣获诺贝尔物理学奖，而居里夫人在 1911 年单独获得了诺贝尔化学奖。

⊖ 也称蜕变，是指原子核自发地放射出粒子而变成另一种原子核。

➡ 居里夫妇

出生于波兰的玛丽亚·斯克沃多夫斯卡（之后的玛丽·居里、居里夫人）有着旺盛的研究心。她在苦学后取得物理学学士学位。此后，与"天才"呼声极高的法国人皮埃尔·居里相遇。皮埃尔·居里有社会地位、名声，经济实力优渥，但对与女性交往兴趣不高。在遇到她后，一起谈论科学，找到了许多共同点并相互吸引，最终结婚。

两人潜心于研究，先后发现了放射性元素镭和钋。1903 年他们与贝克勒尔共同获得诺贝尔物理学奖，这对夫妇的名字从此广为人知。

这个人可能什么都能看穿

R，C/kg

　　说到胸部的X射线检查，在健康检查时都做过，我们非常熟悉。正如其名，对胸部进行"X射线"（1pm~10nm波长的电磁波）照射，对肺、心脏、大动脉、脊柱等是否有异常进行检查。1895年，发现这个X射线的是德国物理学家威尔姆·伦琴。X射线的"X"在数学中表示未知数。因为在当时这个射线也是未知的，所以用"X"指代该射线。如今我们称呼它为伦琴射线，两个名字都听说过的人可能也很多。

　　这个"伦琴"也成了单位，用 R 表示，虽然它不是国际单位制（SI）的单位，不过，作为表示放射性物质照射量的单位被使用。其定义为"在标准状态⊖的 1cm³ 干燥空气中造成 1 静电单位［3.3364×10^{-10}C（库仑）⊜］正负离子的照射量"。1R 约等于 1Ci 的放射线在 1 小时内所放出的射线量。

　　R 作为单位，除了用在 X 射线以外，也用在 γ 射线。使用国际单位制（SI）时，R 必须换算成 C/kg（库仑／千克），但是在日常使用放射线的研究所和医学相关设施中，使用 R 的情况也不少。然而 R 并不表示"对人体有多大影响"，若要表示辐射对人体的影响，要使用 Sv（希沃特）这个单位，详情参见 166 页。

⊖　以 0 摄氏度、1 个大气压为标准。

⊜　关于 C（库仑）这个单位详情参见 158 页。

➡ X 射线在生活中的应用

应用案例

机场的行李检查

电子计算机断层扫描(CT)

X 射线检查
胃部 0.6mSv
胸部 0.05mSv

珍珠贝的 X 射线鉴别装置

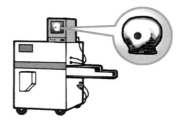

这些单位全部用在电器中吗?

A, V, C, Ω, W

与电有关的单位多数源自人名。例如,电流的单位安培(A),源自法国物理学家安德烈·玛丽·安培。

无论是独门独户的住宅,还是集体住宅,各户都会安装名为断路器的装置。这是为了在电流异常或者用电过量(超负荷)时,及时切断电流以保护室内线路不受损坏。如果超过了与电力公司签约的电流强度,断路器就会断路,签约的电流强度越高基本费用就越高,所以说这是直接关系到家庭收支的单位。

从电池的包装上,我们经常能看到电压的单位伏特(V),这个单位的名称源自意大利的物理学家亚历山德罗·伏特。伏特是用金属板和电解质的水溶液制成电池的人,他也因此而出名。

库仑(C)是表示电荷(电量)的单位,它的名字源自法国物理学家查利·奥古斯丁·库仑。它的定义是"1A电流1s内运送的电荷为1C",总之是表示电量的单位。电流在导体内流动受到的阻碍叫作电阻,表示电阻的单位欧姆(Ω)源自德国的物理学家乔治·西蒙·欧姆。

功率的单位W在106页已经介绍过了,它的名称源自苏格兰出身、对产业革命做出很大贡献的詹姆斯·瓦特。

这样看来,与我们的生活密切相关的与电有关的单位,它们的名称都源自人名啊。

➡ **源自人名的与电有关的单位**

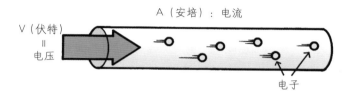

A（安培）：电流

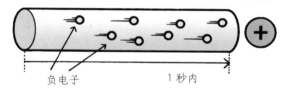

1C（库仑）：1A（安培）的电流在 1s（秒）内运送的电荷

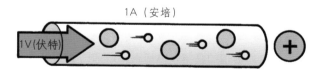

1Ω（欧姆）：1V（伏特）电压下 1A（安培）电流流动时受到的电阻

只要在日本就会不断接触的单位

gal，mgal，Is

只要在日本居住，就没有没经历过地震的人吧。

在118页已经介绍了表示地震放出能量大小的单位，不过，摇晃的大小（地震加速度）用重力加速度的单位gal表示。这个叫作gal的单位源自意大利物理学家、天文学家、哲学家伽利略·伽利雷的名字。说到伽利略，就会想到他因观测到木星的四颗卫星而在天文学领域闻名，但其实他在物理学领域也创下了不少功绩。

1gal表示$1cm/s^2$（厘米／平方秒）。在国际单位制（SI）中，应该使用"m/s^2（米／平方秒）"这个单位，但是在《计量法》中，地震加速度的计量使用gal以及1gal的千分之一的mgal也是被允许的，把1gal换算为国际单位制（SI）就是$0.01m/s^2$（米／平方秒）。

2007年7月16日，新潟县中越海上地震使柏崎刈羽核电站受灾，在那之后，多家核电站对基准地震动⊖进行了重新评估。譬如关西电力管辖的高滨发电所，把以前的550gal重新评估为700gal。

另外，政府机关大楼和车站、学校、剧场、百货店等多数公共建筑物以及1981年以前建造的比较旧的建筑物等均进行了抗震检测。在这个检测中使用了"Is（构造耐震指标）"这一单位，Is在0.6以上被认为较好。

⊖ 安全评价基准中晃动的称呼。

➡ 抗震检测与 Is 值

一般的 Is 值数量
（1995 年 12 月 25 日由旧建设部出示的告示）

Is 值不到 0.3……………………由于地震震动及冲击产生的倒塌发生概率高

Is 值在 0.3 以上、0.6 以下…由于地震震动及冲击产生的倒塌有发生概率

Is 值在 0.6 以上…………由于地震震动及冲击产生的倒塌发生概率低

地震规模		受灾状况	
中地震[1]	大地震[2]	顺序	状况（混凝土、钢筋混凝土）
Is=0.6 ↑	Is=0.6 ↓	轻微	双层墙壁几乎没有损伤
		小型破坏	双层墙壁出现断裂、断痕
↓		中型破坏	房柱、抗震墙出现断裂、断痕
	↓	大型破坏	房柱的钢筋露出、弯曲
		倒塌	建筑物的一部分或者全部发生倒塌

[1]　震级 5 级左右。
[2]　震级 6 级以上。

日本 F-Scale（藤田级数）之父——藤田哲也

在日本，包括诺贝尔奖得主在内，对人类做出巨大贡献的人有很多。但是，不知道藤田哲也博士的人也有很多。

藤田哲也是在美国被称为"旋风先生"和"龙卷风博士"的名人，是在龙卷风的研究中留下功绩的气象学者。而且，因为他将观测实验中获得的难解的公式用立体图等进行解说，所以也被称为"气象界的迪士尼"。他在九州工业大学工学部机械系取得学士学位，在东京大学取得理学博士学位，后被芝加哥大学聘请为教授，远渡美国。

之后，在 1971 年，他发表了关于龙卷风的强度和危害关系的符号"Fujita Pearson Tornado Scale（通称为藤田级数）"。在美国国家气象局（National Weather Service，NWS）中被采用，现在仍在使用⊖。同时，其关于下击暴流的研究也被人所了解，其研究不仅仅针对自然灾害，在飞机事故方面也很大程度上保护了人们，做出了巨大贡献。其研究成果受到高度好评，获得了许多奖项。其贡献度被评价为"如果诺贝尔奖中有'气象学奖'，那么藤田博士肯定能获奖"，在芝加哥大学与获得了诺贝尔奖的超过 90 名得主享受同等待遇。在电视采访中，当被问到"龙卷风来了怎么办？"时，他回答说"拿着相机上屋顶"。这样幽默的性格可能也是他在欧美受欢迎的原因吧。

⊖ 被称作改良藤田级数。

第 11 章

其他单位

到现在为止，我们介绍了各种各样常用的
法定计量单位，除此之外还有很多单位存
在。本章将对上述分类中没有包含到的单
位以及这些单位的值进行说明。

"一把抓"的单位

打（12 个）、罗（144 个）、大罗（1728 个）、小罗（120
个）、条（10 包）

"打"是用来表示消耗品的单位。以前说到文具，铅笔和
圆珠笔都是主角，一盒一盒地买的情况非常多。一盒铅笔或圆
珠笔规定是 12 支，也就是 1 打。

现在，个人一下子买 1 打铅笔或圆珠笔的情况变少了，但
是棒球的球等，还是以 1 打为单位来出售。

还有表示更多数量的单位，比如"罗（gross）"，它的数
量为 12 打，也就是 144 个。另外，表示 12 罗（1728 个）时使
用"大罗"这个单位，表示 120 个时使用"小罗"这个单位。

似乎一说到"打"，就一定是"12"的集合，但其实并不
都是这样。比如在英国的面包店，1 打就是指 13 个。这是因为
在中世纪对面包的重量有严格规定时，为了避免面包重量不足
而引发顾客的抱怨，所以特地多赠送了一个面包。这种做法一
直沿用至今，被称作"bakers dozen"，数量为 13 个。

除此之外还有"条"这个单位。我们生活中最常接触到的
就是 10 盒烟就是 1 条。不过"条"不仅能表示纸板和纸盒的数量，
它还是表示箱子数量的单位。在表示箱子数量时，1 条可以指
8~20 个箱子，不是固定的数量。

→ "打"和"罗"以及"大罗"

●12 个物品放在一起就是 1 打

12 支　　　　　　　　12 个

●12 打就是 1 罗

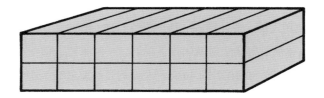

●12 罗就是 1 大罗

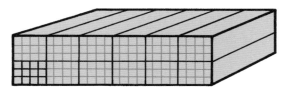

不想用来测量自己身体的单位

rad，Gy，Sv，rem，mSv

154 页讲到了放射性活度的单位 Bq 和 Ci，在表示受到放射辐射后身体吸收量 (辐射吸收剂量) 时使用 rad 这个单位。1rad 是 0.01J/kg (焦耳 / 千克)。现在，国际单位制（SI）中使用组合单位 "Gy" 来表示。1Gy 相当于 100rad。

Gy 是辐射剂量吸收单位，不过，对于包括人类在内的生物来说，根据放射线的种类⊖不同，吸收量也会不一样。因此，在国际单位制（SI）中，根据放射线的种类不同制定了辐射剂量当量（Gy 乘以放射线生物效应系数得到的值），单位是 Sv（希沃特）。这个单位在核电站发生事故时的报道中听过。在 Sv 被使用之前一般使用 rem 这个单位，1Sv 相当于 100rem。

人体被放射线照射就叫作被辐射，一般来说，即使在普通的生活中 1 年也会受到 2.4mSv ⊖左右的自然放射线。这个程度的放射线不会影响健康。但是，短时间内大量地被放射线照射的话就会产生各种各样危害健康的状况，最坏的情况是致命。

我们常去的 "氡温泉" 是由镭产生的含有放射性的氡气体的温泉。有人认为微量的放射性元素对身体有益，虽然现在观点还不统一，但是，仍有坚定的爱好者支持。

⊖ α 射线、β 射线、伽马射线等。
⊜ 世界平均值。

➡ 在生活中受到的辐射

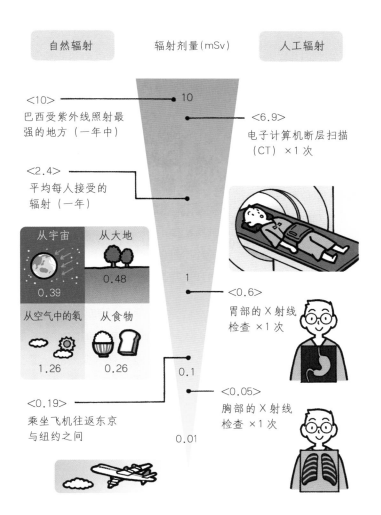

自然辐射　　　辐射剂量（mSv）　　　人工辐射

<10>
巴西受紫外线照射最
强的地方（一年中）

<2.4>
平均每人接受的
辐射（一年）

从宇宙
0.39

从大地
0.48

从空气中的氡
1.26

从食物
0.26

<0.19>
乘坐飞机往返东京
与纽约之间

10

1

0.1

0.01

<6.9>
电子计算机断层扫描
（CT）×1 次

<0.6>
胃部的 X 射线
检查 ×1 次

<0.05>
胸部的 X 射线
检查 ×1 次

草莓和柠檬糖度相同吗?

°Bx,%,度

来到日本的外国人不断增多,他们在博客和 SNS 上会经常发一些日本的特色。其中一个就是"日本的水果很甜"。对日本人来说这是理所当然的事,但对于外国人来说,这是令他们感到吃惊的一件事。

有一个表示甜度的标准单位,叫作糖度。它表示水果和蔬菜中糖(一般指蔗糖)的百分比和浓度,一般用白利度(Brix)表示。单位可以用°Bx、%、度等。

白利度(Brix)可以用糖度计来计测。比如,糖度计⊖上显示 15%,也就表示每 100 克中含蔗糖量为 15 克,白利度的值就是 15。

所谓的蔗糖,是由葡萄糖和果糖两种糖结合而成,在 1 分子糖中,这两种糖含量越高就会越甜,并不是糖度越高越甜。

比如说,草莓由于品种的不同会有所差别,但甜的感觉是一样的。它的糖度一般在 8~9。那柠檬呢? 有不少人都觉得柠檬很酸吧。其实柠檬的糖度为 7~8,和草莓的糖度差别不大。柠檬之所以很酸是因为还有"酸度"的影响。因为草莓和柠檬的酸度以及糖酸比(糖度和酸度的比率)⊖不同,所以人们会感觉草莓更甜一点。人类的舌头还真是神奇!

⊖ 除了折射糖度计,还有旋光仪糖度计和近红外光学糖度计等种类。
⊖ 也有测定糖酸比的仪器。

➡ **各式各样的糖度计和糖酸度计**

●折射糖度计图例

将样品(汁)滴在棱镜表面，从目镜处进行观察和读值。

●旋光仪糖度计图例

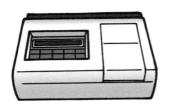

能一次性同时检测旋光度和折射率的优良仪器。

●糖酸度计图例

能检测糖度、酸度和糖酸比。每个检测对象都有特定的模型，是生产强有力的伙伴。

还有这么多的小单位!

成，分，厘，毛，%，‰，ppm，ppb，ppmv，ppbv，ppt

　　我们在表示比率和比值的时候会用几成、百分之多少来表示。比如"原稿进行得怎么样了？""做完 8 成了"这样的对话。虽然我们并不想听到这样的问题……

　　先不说这个，成、分、厘、毛可以用在体育中表示胜率，%（百分率）〇一般而言也可以使用，大家对这些应该都很熟悉。但是大家知道吗，还有比这些更小的单位存在。比如表示千分率的‰〇（permillage）。mil 是千的意思，只要想到 millenium 是千禧年的意思，就会好记一些。

　　还有表示百万分之一的单位 ppm。这个单位取自 "parts per million" 的首字母，主要用于表示化学药品的浓度。

　　还有更小的表示十亿分之一的单位 ppb（parts per billion），经常用来表示室内空气中的化学物浓度。

　　ppm 和 ppb 加上表示体积的符号 "v" 变成 ppmv 和 ppbv，就表示百万分之一的体积比和十亿分之一的体积比。

　　到这里还没有到结束的时候，因为还有表示万亿分之一的单位，那就是 ppt（parts per trillion）。它是用来计算和表示微量物质和微量气体浓度的单位。

　　以上介绍了很多和"率"有关的单位，都是很小的单位，平时不一定用得到，可能没什么印象。

　　〇　在某些场合，百分率（Parts Per Cent）略称为 "ppc"。
　　〇　千分率 ×10= 百分率。

因此，在这里举例说明。1% 的程度差不多相当于两箱薄荷片中的一颗。这样的话，印象就深刻了吧。1‰就相当于大瓶保健品中的一粒药丸。ppb、ppt 可以分别想象为 2000 袋 10 千克的大米和 200 万袋 10 千克的大米中的一粒。

这样一来，无论是多小的单位都能有印象了吧。

➡ 各式各样的比率

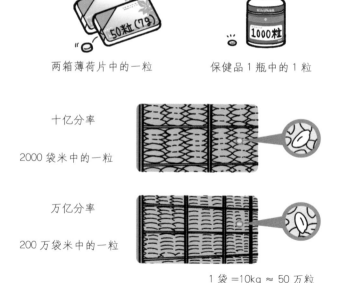

百分率（%）

两箱薄荷片中的一粒

千分率（‰）

保健品 1 瓶中的 1 粒

十亿分率

2000 袋米中的一粒

万亿分率

200 万袋米中的一粒

1 袋 =10kg ≈ 50 万粒

与货币有关的单位

日元，美元，欧元，英镑，瑞士法郎

货币虽然是经济社会中不可或缺的存在，但除了从事货币相关工作和做外汇交易的人以外，也只有在去海外旅游时才会意识到它的存在。最近虽然有假想货币（比特币）出现，但由于没有国家作为后盾支持，使用起来会有风险。

日本采用日元作为货币开始于1871年，纸币（日本银行券）的发行开始于1885年。日元的日语读音类似"安"，罗马字表示为"YEN"。

货币也有代号。日元的代号是"JPY"，美元的代号是"USD"，欧元的代号是"EUR"。ISO4217规定开头两个字母代表国家，最后一个字母代表货币的名称，但是"EUR"是例外。

货币分为主要货币和次要货币。主要货币是指在世界外汇市场的货币交易中，交易量和交易人数多的货币。主要货币现在一般是指日元、美元、欧元、英镑、瑞士法郎、澳元、加元和纽元。除此之外的都是次要货币。

顺便说一下，我们时不时会听到所谓的货币互换，是指两国及以上的中央银行，为了预防各自国家货币危机的发生，以本国货币的储蓄和债券作为担保，通过一定的汇率与合作对象国进行货币互换。

➡ **主要货币图例**

日元（JPY）

美元（USD）

欧元（EUR）

英镑（GBP）

瑞士法郎（GHF）

主要货币并不是永远不变的，它跟货币发行国本身的经济发展水平有关。

国际单位制（SI）第 7 个基本单位

mol

国际单位制（SI）中的基本单位，无论在什么场合中使用，基本上都能给我们一个直观的印象。但是摩尔（mol）这个物质的量的单位，在日常生活中基本上用不到。说起来很奇怪，为什么把质量单位和物质的量单位分开呢？平时我们也没有见过物质的量。

所谓物质的量，是指含有一定数目粒子的集体[⊖]。它的单位是摩尔（mol）。

那么 1mol 物质的量到底是多少呢？答案是 6.02×10^{23} [⊖]，这个数值来源于意大利的物理学家、化学家阿莫迪欧·阿伏伽德罗，被称为阿伏伽德罗常数。也就是说，含有 6.02×10^{23} 个原子和分子的物质的量是 1mol。

1mol 物质的质量与其原子量或分子量的数值加克为单位表示的质量是相同的。因此好像没有必要刻意使用 mol 这个单位。实际上，在是否将 mol 视为基本单位的讨论中，有一些人认为"因为物质的量和质量是成比例的，应该用 kg 来表示"。而且由于离子结合或者金属结合构成的物质不被称为分子，用物质的量表示反倒不方便。但是 mol 作为化学领域的单位，是非常重要的单位，所以 1971 年被国际计量大会采纳为基本单位。

⊖ 这个粒子指原子、分子、离子、质子、中子、电子等或它们的特定组合。
⊖ 12gC-12 中所含的碳原子数就是 1mol。

直到现在，在化学课或者实验和研究中，摩尔（mol）都是不可或缺的单位。

根据阿伏伽德罗实验的结果，在标准状态[○]下，除了氨气等气体外，多数气体 1mol 的体积接近 22.4 升（L）。

➡ 1mol 的粒子数、质量和体积

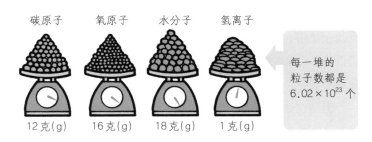

碳原子	氧原子	水分子	氢离子
12克(g)	16克(g)	18克(g)	1克(g)

每一堆的粒子数都是 6.02×10^{23} 个

在原子量、分子量、式量的数值后加上"克（g）"就是 1 摩尔（mol）物质的质量

物质的量	1 摩尔 (mol)
粒子数	6.02×10^{23} 个
质量	$\left. \begin{array}{c} 原子量 \\ 分子量 \\ 式\quad量 \end{array} \right\}$ 克 (g)
气体体积	22.4 升 (L)（标准状态）

总结起来就是这样

_____

○　指 0℃、1 个标准大气压的状态。

不再使用的压强单位

mb，hPa，Pa

虽说单位基本上不会消失，但会有一些单位渐渐变得没人使用了。比如说 mb 这个单位，曾经是表示台风中心气压的单位。在气象学领域，整个世界范围都在使用 mb 作为单位进行测定。即使在国内，除气象学以外，一般的气象业务以及海洋气象业务也在使用 mb 这个单位。在 1974 年制定的《国际海上人命安全公约》（SOLAS 公约）中，提到"由船舶观测到的气象和水象成果要使用 mb 作为单位进行通报"。

但是在世界范围内被广泛使用的 mb，在国内于 1992 年 12 月 1 日宣布变更，12 月 4 日以后变更为 hPa。

近年来，在使用计量单位时流行使用国际单位制单位，表示台风中心气压的单位也变成了 hPa。在 1991 年举行的测量行政审议会的计量单位国际单位制化的报告中，mb 变更为 hPa 被提出并接受。

一般单位变更后必须要进行换算，否则容易导致一定程度的混乱。但由于 mb 和 hPa 表示同一个值不需要换算，因此单位变更得以顺利进行。

hPa 属于组合单位⊖，其中包含的单位"帕斯卡（Pa）"，源自拥有众多头衔的法国物理学家布莱士·帕斯卡。帕斯卡定律应该听过吧，该定律有很多应用，生活中常见的是汽车和摩托车的油压制动器以及增力装置。

⊖　组合单位的详情参照 22 页。

➡ 身边的压强单位

1mb=100Pa=1hPa=0.1kPa
1013hPa ≈ 1 个标准大气压

天气图

自行车的轮胎

hPa

kPa

高压锅

气压

压强的单位
真多啊

过了截止日期的文件

压力好大啊！我
这么瘦，压强应
该很大吧……

流量的单位

GB，B，kB，MB，Mbps，MB/s

截至 2017 年 6 月，智能手机的持有率据说已达到 78%[一]。的确，在东京市内的电车中可以看见有很多人坐车时都盯着手上的智能手机。

在户外使用智能手机，基本都要给通信公司支付上网费。这个费用的标准就是流量[二]，一般以 GB 为单位。

G 是国际单位制（SI）的词头（参照 185 页），B 是 "byte" 的简称，是表示数据流量和信息量的单位。同时还有 bit 这个单位，8bit[三]就是 1B。1B 的 1000 倍是 1kB，100 万倍是 1MB，10 亿倍是 1GB。在平时我们会说 "这个月流量超过 3G 了"，作为数据流量这个数值不小了。

生活中经常会有 "你家里的网速多少？" "有 100 兆" 这样类似的对话。这里的 "兆" 词头是 M，用单位表示为 "100Mbps"。相当于 "12.5MB/s（兆字节每秒）"，也就是说 1 秒钟的最大网速能达到 12.5MB。这里表示的不是流量，而是数据的传输速度[四]。

现在信息越来越丰富，作为一个以单位为主题写书的作者（伊藤），我一直在想，如果实现了用 "Y" 为词头表示的流量和网速，会怎么样呢？我对此颇感兴趣。

[一] 媒体环境研究所于 2017 年 6 月 20 日发布的数据。

[二] 因为有很多复杂的减价方法，光这么说不太准确，在这里其他的暂且不管……

[三] 本来并没有规定 1B 等于 8bit，但结合历史背景，在通信领域一般来说 1B 就是 8bit。

[四] 标准说法是 "带宽"。

信息载体的容量

● （计算机）软盘

$80\ kB\sim$
$1.44MB$

●MO（光磁气）软盘

$128\ MB\sim$
$2.3\ GB$

●USB 储存器

$\geqslant 16\ MB$

●SD 卡

$\geqslant 16\ MB$

到如今（2017年），内存卡的最大容量是2TB，今后估计会变得更大。

金枪鱼的单位
头、条、丁、块、栅、切、贯

从鱼苗到成鱼，在成长的不同阶段名称也不同的鱼被称为出世鱼。也有根据状况（状态）以不同的单位计数的鱼，就比如金枪鱼，作为食材的时候有以下几种计数方法。

➡ 金枪鱼计数方法的变化

在水里活生生时，以头计数

捕上来售卖时，以条计数

去掉鱼头和背骨后割成两半时，以丁计数

把鱼身切成块时，以块计数

从块状切成数份时，以栅计数

切成一口大小的片状时，以切计数

成为寿司主料的状态时，以贯计数

附　录

国际单位制（SI）

基本单位

➡ 表 1 （见182页）

导出单位

由基本单位通过定义、定律或一定的关系式推导出来的单位。

用基本单位表示的导出单位

用表1的单位组合表示

➡ 表 2 （见182页）

用专有名称和符号表示的导出单位

拥有独特的名称

➡ 表 3 （见183页）

含有专有名称和符号的导出单位

用表1和表3的单位组合表示

➡ 表 4 （见184页）

➡ 表1 基本单位

物理量	单位符号	名称	参照页数
长度	m	米	22、44、58
质量	kg	千克	22、62
时间	s	秒	22、59、98
电流	A	安 / 安培	22、158
热力学温度	K	开 / 开尔文	22、130
物质的量	mol	摩 / 摩尔	22、174
发光强度	cd	坎 / 坎德拉	22、136

➡ 表2 用基本单位表示的导出单位

物理量	单位符号	名称	参照页数
面积	m^2	平方米	23、78、80
体积	m^3	立方米	17、23
速率、速度	m/s	米每秒	116
加速度	m/s^2	米每平方秒	152
波数	m^{-1}	每米	—
密度	kg/m^3	千克每立方米	—
面密度	kg/m^2	千克每平方米	—
比体积	m^3/kg	立方米每千克	—
电流密度	A/m^2	安每平方米	—
磁场强度	A/m	安每米	—
物质的量浓度	mol/m^3	摩每立方米	—
质量浓度	kg/m^3	千克每立方米	—
亮度	cd/m^2	坎每平方米	142

➡ 表3 用专有名称和符号表示的导出单位

物理量	符号	名称	其他单位表示法	基本单位表示法	参照页数
平面角	rad	弧度	—	m/m	90
立体角	sr	球面度	—	m^2/m^2	90
频率	Hz	赫兹	—	s^{-1}	126
力	N	牛顿	—	$m \cdot kg \cdot s^{-2}$	24、110、152
压力/压强/应力	Pa	帕斯卡	N/m^2	$m^{-1} \cdot kg \cdot s^{-2}$	176
能量/功/热量	J	焦耳	N m	$m^2 \cdot kg \cdot s^{-2}$	106
功率/辐射通量	W	瓦特	J/s	$m^2 \cdot kg \cdot s^{-3}$	106、158
电荷量	C	库仑	—	$s \cdot A$	158
电势/电压/电动势	V	伏特	W/A	$m^2 \cdot kg \cdot s^{-3} \cdot A^{-1}$	158
电容	F	法拉	C/V	$M^{-2} \cdot kg^{-1} \cdot s^4 \cdot A^2$	—
电阻	Ω	欧姆	V/A	$M^{-2} \cdot kg \cdot s^{-3} \cdot A^{-2}$	24、158
电导	S	西门子	A/V	$M^{-2} \cdot kg^{-1} \cdot s^3 \cdot A^2$	—
磁通量	Wb	韦伯	Vs	$M^2 \cdot kg \cdot s^{-2} \cdot A^{-1}$	—
磁通量密度/磁感应强度	T	特斯拉	Wb/m^2	$kg \cdot s^{-2} \cdot A^{-1}$	—
电感	H	亨利	Wb/A	$M^2 \cdot kg \cdot s^{-2} \cdot A^{-2}$	—
摄氏温度	℃	摄氏度	K	—	132
光通量	lm	流明	$cd \cdot sr$	cd	140
照度	lx	勒克斯	lm/m^2	$m^{-2} \cdot cd$	138
放射性活度	Bq	贝克勒	—	s^{-1}	154
辐射吸收剂量	Gy	戈瑞	J/kg	$m^2 \cdot s^{-2}$	166
辐射剂量当量（等效剂量）	Sv	希沃特	J/kg	$m^2 \cdot s^{-2}$	156、166
酶活性	Kat	卡塔尔	—	$s^{-1} \cdot mol$	—

➡ 表4 含有专有名称和符号的导出单位

量	记号	名称	在 SI 基本单位中的表示	参考页数
黏度	Pa·s	帕·秒	$m^{-1}·kg·s^{-1}$	——
力矩	N·m	牛顿·米 / 牛·米	$m^2 kg·s^{-2}$	22、110
表面张力	N/m	牛每米	$kg·s^{-2}$	——
角速度	rad/s	弧度每秒	$m·m^{-1}·s^{-1}=s^{-1}$	——
角加速度	rad/s²	弧度每平方秒	$m·m^{-1}·s^{-2}=s^{-2}$	——
热流密度、辐射照度	W/m²	瓦特每平方米	$kg·s^{-3}$	——
热容、熵	J/K	瓦特每开（开氏温度）	$m^2·kg·s^{-2}·K^{-1}$	——
比热容、比熵	J/（kg·K）	焦耳每千克每开	$m^2·s^{-2}·K^{-1}$	——
比能	J/kg	焦耳每千克	$m^2·s^{-2}$	——
热导率	W/（m·K）	瓦特每米每开	$m·kg·s^{-3}·K^{-1}$	——
能量密度	J/m³	焦耳每立方米	$m^{-1}·kg·s^{-2}$	——
电场强度	V/m	伏特每米	$m·kg·s^{-3}·A^{-1}$	——
电荷密度	C/m³	库仑每立方米	$m^{-3}·s·A$	——
面电荷密度	C/m²	库仑每平方米	$m^{-2}·s·A$	——
电通密度、电位移	C/m²	库仑每平方米	$m^{-2}·s·A$	——
电容率	F/m	法拉每米	$m^{-3}·kg^{-1}·s^4·A^2$	——
磁导率	H/m	亨利每米	$m·kg·s^{-2}·A^{-2}$	——
摩尔能量	J/mol	焦耳每摩尔	$m^2·kg·s^{-2}·mol^{-1}$	——
摩尔熵、摩尔热容	J/（mol·K）	焦耳每摩尔每开	$m^2·kg·s^{-2}·K^{-1}·mol^{-1}$	——
照射量（X 射线及伽马射线）	C/kg	库仑每千克	$kg^{-1}·s·A$	156
吸收剂量率	Gy/s	戈瑞每秒	$m^2·s^{-3}$	——
辐射强度	W/sr	瓦特每球面度	$m^4·m^{-2}·kg·s^{-3}$ $=m^2·kg·s^{-3}$	——
辐射亮度	W/（m²·sr）	瓦特每平方米每球面度	$m^2·m^{-2}·kg·s^{-3}$ $= kg·s^{-3}$	——
酶活性浓度	Kat/m³	卡塔尔每立方米	$m^{-3}·s^{-1}·mol$	

使单位更简练的词头

本书中出现最多的应该是词头。它加在国际单位制（SI）的基本单位前以表示数值的大小。

将国际单位制的词头、符号和因数制成表格如下：

➡ **国际单位制（SI）的词头**

词头名称	符号	因数	10进制标记
尧	Y	10^{24}	1,000,000,000,000,000,000,000,000
泽	Z	10^{21}	1,000,000,000,000,000,000,000
艾	E	10^{18}	1,000,000,000,000,000,000
拍	P	10^{15}	1,000,000,000,000,000
太	T	10^{12}	1,000,000,000,000
吉	G	10^{9}	1,000,000,000
兆	M	10^{6}	1,000,000
千	k	10^{3}	1,000
百	h	10^{2}	100
十	da	10^{1}	10
		10^{0}	1
分	d	10^{-1}	0.1
厘	c	10^{-2}	0.01
毫	m	10^{-3}	0.001
微	μ	10^{-6}	0.000 001
纳	n	10^{-9}	0.000 000 001
皮	p	10^{-12}	0.000 000 000 001
飞	f	10^{-15}	0.000 000 000 000 001
阿	a	10^{-18}	0.000 000 000 000 000 001
仄	z	10^{-21}	0.000 000 000 000 000 000 001
幺	y	10^{-24}	0.000 000 000 000 000 000 000 001

结束语

　　大家能想象得到吗？如果不使用单位过一天的话会怎么样……尝试一下吧！

　　"早上好！今天好像会下雨啊！"

　　"出门的话需要带伞吗？"

　　"嗯！据天气预报说今天降水量会达到70%"。（PS:这个地方其实就已经开始使用单位了！）

　　"和～～先生商量好什么时候实施了吗？"

　　"现在一直到后天都有空吗？"

　　"好的我明白了！先确认一下对方的实际情况。"

　　第二天……

　　"后天是15号，对方说是没问题。但是下午两点开始的话会更好……"（PS:日期不也是表示单位的词语吗？）

　　去公司的话日程上看起来不太方便呢！如果一定要去的话，周末或者休息日的时候去怎么样？前两天，和久别重逢的朋友出海玩儿去了。

　　"好久没见，你还好吗？"

"嗯！挺好的。我真是有日子没在外面吃饭了呢！"

"啊~是吗？有孩子了是吧？一晃儿孩子都长大了（有苗不愁长啊），孩子几个月了？"

"八个月了呢！特别能吃！托您的福，体重快到8千克了呢！"

综上可以看出，任何日常语言交流的过程中，都离不开使用有关单位的词语。

那么，休息日的时候，谁都不见就宅在家里的话是不是就不必用到单位了？抱着这样的想法，尝试着过一天会怎么样呢？事实上，我们早上起来下意识地看钟表的那一瞬间，就已经开始使用单位了。

那么就去无人岛，隔绝外界一切人和事，过一个人自给自足的生活，是不是就用不到单位了呢？即便是这样，仍然不可能！

在这里，我感谢能有这样一个机会来写关于单位的这本书，以此为契机探索了单位的神奇之处。

寒川阳美

作者简介

伊滕幸夫

出生于岩手县。曾担任编辑制作、纪实顾问和策划总监。出版多部关于单位知识的著作。

寒川阳美

出生于埼玉县。曾担任程序设计员、系统工程师、电脑指导员等。现任岩手县北上市一家公司的董事。